O

令人 生活
着迷的 中的
化学 分子

[荷]
本·费加林
阿努克·吕贝
著

蒋佳惠
译

CBK 湖南科学技术出版社
·长沙·

图书在版编目（CIP）数据

令人着迷的化学：生活中的分子 /（荷）本·费林加,（荷）阿努克·吕贝著；蒋佳惠译. -- 长沙：湖南科学技术出版社，2025. 7. -- ISBN 978-7-5710-3405-4

Ⅰ. Q7-49

中国国家版本馆 CIP 数据核字第 2025FQ0363 号

First published as "Alledaagse moleculen by Uitgeverij Noordboek, Gorredijk,The Netherlands (2022). This Chinese editin is arranged through Gending Rights Agency(http://gending.online) and Anette Riedel Agency, Germany

湖南科学技术出版社独家获得本书中文简体版出版发行权

著作权登记号：18-2024-314

LING REN ZHAOMI DE HUAXUE：SHENGHUO ZHONG DE FENZI
令人着迷的化学：生活中的分子

著者

[荷] 本·费林加

[荷] 阿努克·吕贝

译者

蒋佳惠

出版人

潘晓山

策划编辑

孙桂均

责任编辑

李蓓

责任营销

周洋

出版发行

湖南科学技术出版社

社址

长沙市芙蓉路 416 号

网址

http://www.hnstp.com

湖南科学技术出版社

天猫旗舰店网址

http://hnkjcbs.tmall.com

邮购联系

本社直销科 0731-84375808

印刷

长沙超峰印刷有限公司

厂址

宁乡市金洲新区泉洲北路 100 号

邮编

410600

版次

2025 年 7 月第 1 版

印次

2025 年 7 月第 1 次印刷

开本

710 mm × 1000 mm　1/16

印张

15

字数

208 千字

书号

ISBN 978-7-5710-3405-4

定价

98.00 元

前言

　　花园里的春天的花朵所带来的绚丽和现磨咖啡的香气，让我大脑中的多巴胺和血清素分子在这个早晨激增。我怀着无比欣喜的心情，开启了阳光灿烂的一天。你有没有感到过好奇：太阳到底有什么能耐，每每到了春天，就能从极小的黑色种子里制造出分子块，最后变出烂漫的花朵？究竟是什么令小小的 $C_8H_{10}N_4O_2$ 分子——咖啡因，成为如此特别的刺激神经的物质？不管怎么说，它让我攒到了足够的动力，刚好能回复智能手机上闪现的一条信息。当我看到屏幕上的字母时，我的思绪便回到了1888年。那一年，奥地利植物学家兼化学家弗里德里希·莱尼泽（Friedrich Reinitzer）在无意间发现了液态的晶体。那一刻，有谁会想到这种属性介于固体和液体物质之间的新型分子会在100年后成为我们的电视和手机屏幕的基础？

　　从构成我身体的成分到我面前的报纸，再到我身上穿着的衣服，继而是我闻到的洗发水香味，似乎一切都那么理所应当，以至于我们从来不会停下来思索一下。然而，我们周遭的一切几乎全都是由分子构成的。化学键、分子、材料或者物质为我们带来了汽车、塑料、食物和油漆，让我们得以呼吸、脸红、看见或者闻见香喷喷又或是臭烘烘的气味。

《令人着迷的化学》一书将带你走入我们周围的世界，告诉你组成它的引人入胜的迷人基石。书中的章节是依照日常现象所列举的，例如每天要用到两次的牙膏、用来上班的汽车和八点档新闻里提到的化学武器。

分子的结构和相关材料的构成决定了某种物质是有毒的还是健康的，或是摸起来是坚硬的还是柔软的，又或是某种东西是大自然赋予的还是由科学家和相关产业人工开发出来的。就以占据了我们人体一半的H_2O（水）为例吧。这听起来简直不可思议，可是，只要用一个硫原子（S）取代水分子里唯一的氧原子（O），就能产生H_2S——一种有毒气体。幸好，它用刺鼻的气味让我们警醒，那就是臭鸡蛋的气味。闻到它，我们就知道食物变质了，又或者火山快要喷发了。

或许，你从没意识到，乙烯（C_2H_4）分子是一种天然的激素，正是它令香蕉成熟。而与此同时，全世界的化学工业每年会生产出1.6亿吨这种分子，用于制造包装和运输香蕉的塑料袋。当你吃香蕉的时候，你有没有想到这是科学界、工业界和全社会所面临的最大挑战之一？在未来，所有这些塑料都必须以可持续性的方式生产，并且被回收利用。在过去的新冠肺炎疫情中，我们史无前例地直面这些合成分子与材料：从疫苗和注射针头到口罩和防护服。

分子世界有着一种神秘的美。数量有限的元素为我们提供了打造近乎无穷无尽的分子的可能。其中所有的材料都源自我们日常的生活。这实在是引人入胜！

在这本书里，我们只能探讨从日常分子这个五彩缤纷的调色盘里选取出来的数量有限的分子。书中所描绘的分子的化学结构是连接全世界的学者和学生的语言基础，它将是你与分子世界初次接触的起点。

我们希望通过这本书让你感受到日常分子的奇妙，除此之外，也想让你意识到，人们对分子世界的想象是如何激励科学家们制造出从新型药品到未来能量载体等最具创新精神的发明。我们仅仅揭开了引人入胜的分子世界的面纱的一角。在这段穿梭于我们周围世界里分子基石的旅途中，尽情体会它的神奇与美好，勇于选出你心目中最爱的分子吧。

本·费林加（Ben Feringa）和
阿努克·吕贝（Anouk Lubbe）

目录

水果

　　你想来上一口富含己醇、丁酸甲酯、甲基硫醇和胆碱的美味点心吗？这些物质听起来似乎没那么让人垂涎欲滴，可是，它们也不见得会令人作呕。其实，所有这些分子都是草莓中的纯天然成分。维生素、糖、膳食纤维、香精、色素和调味料——它们全都是存在于一颗普普通通的草莓里的普普通通的分子。

　　曾几何时，化学最大的本领不过就是将周遭的东西碾碎，看看能得到哪些物质。而那时，水果便是一部分早期化学实验中的原料。柠檬酸、酒石酸和苹果酸是最早提炼出来的部分化学物质。然而，我们对水果的认知还远远不够。2020年，研究人员发现，香蕉中的蛋白质或许可以抵御流感！在这一章节中，我们将共同探讨一些出自果盘里的分子和化学反应。

维生素C

别把橙子想得太神奇

维生素是一种人体无法自行合成的物质，然而，我们却离不开它。于是，我们需要通过别的方式摄入维生素，比如食物。水果富含维生素A、维生素C和维生素E。维生素C被人们视为一种神药，大量摄入能治疗大大小小的几十种疾病，从感冒到癌症一应俱全。只不过，我们依然缺乏科学依据，况且所有过量摄入的东西最终都会被排泄出去。然而，并非所有维生素都是如此。例如维生素A，它是脂溶性而不是水溶性的，因此会留在肝脏里。所以，大剂量的维生素A有剧毒。幸亏我们平时用不着担心维生素A过量的问题，除非你一不小心在某个冬天被困于新地岛，情急之下射杀了一头北极熊，把它的肝脏吃了个精光。

人体内胶原蛋白的合成离不开维生素C。胶原蛋白是我们体内最常见的蛋白质，也是结缔组织中最重要的成分。我们的皮肤和骨头的存在很大程度上都依赖胶原蛋白。当人体缺乏维生素C的时候，胶原蛋白的合成就会罢工，这也就是我们所说的坏血病。我们在学校都学过海员的故事。从前，他们一连几个月吃不到水果和新鲜食物。如今，坏血病已变得十分罕见。假如你关节生疼，牙龈出血，内出血，那么吃几个橙子和柠檬已经不再是最有效的解决办法了。红甜椒、西蓝花和黑莓里含有大量的维生素C。如果想要找到更多的维生素C，那么你可以试试澳大利亚的卡卡杜李，它的维生素C含量甚至高达3%。

酯

大自然母亲的香水

早在古埃及时期，人们就已经学会了用果实擦拭自己的皮肤，留下气味。如今，我们也许会对这样做的人嗤之以鼻，可是，水果的香味依然是许多香水和肥皂的重要组成部分。

这些气味之所以这么甜美，很大程度上是因为某种特定的分子。在这里，你将看到一些最广为人知的气味分子。这些所谓的酯全都拥有相同的核心结构。只要你不是非要某些熟悉的水果气味，研究人员可以通过在实验室里更改"尾巴"的长度，创造出全新的气味。酯的"尾巴"越长，挥发得越慢。香料商们在合成新的香味时便会考虑到这一点。最小的分子挥发得最快。因此，这些分子的气味最浓，然而，它们也会在相对较短的时间内消失，我们将它们称为前调。它们闻起来往往很像柑橘和其他水果。稍大一些的分子会在一段较长的时间过后才挥发，香味持续得更久。这些所谓的中调常

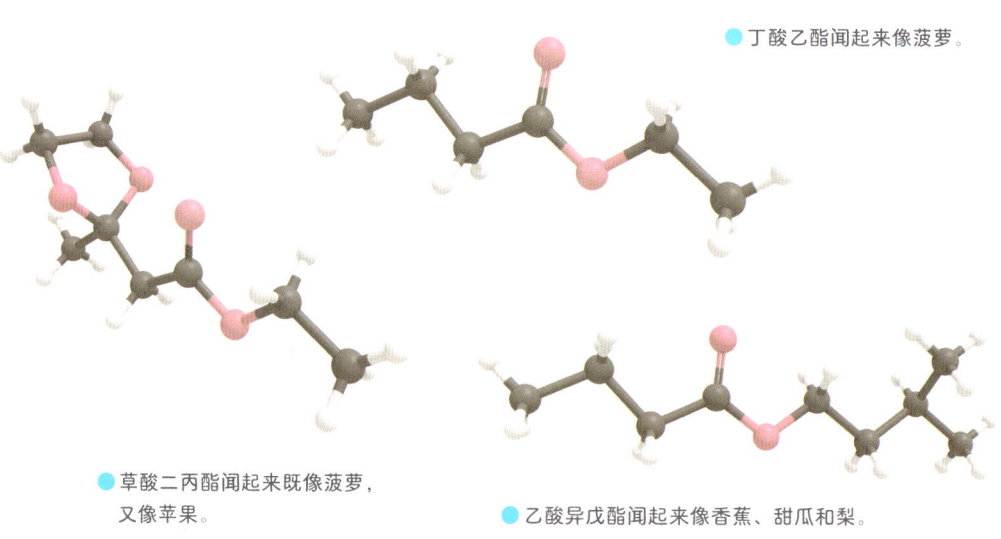

● 丁酸乙酯闻起来像菠萝。

● 草酸二丙酯闻起来既像菠萝，又像苹果。

● 乙酸异戊酯闻起来像香蕉、甜瓜和梨。

常是一些花香。我们把最大的分子称为后调——它们常常蕴含自然的气息，比如木头和巧克力，味道经久不散。

蛋白酶

果盘里的食肉动物

你有没有体会过：刚吃完一个美味的猕猴桃的时候，你的嘴总会感到火辣辣的。番木瓜和菠萝也有相同的功效。这种感觉并非来自过敏或者水果里的果酸，而是来自这种类型的水果中含有的某类蛋白质。

菠萝蛋白酶、木瓜蛋白酶和猕猴桃蛋白酶全都属于蛋白酶，是酶类的一种。蛋白酶会分解蛋白质。在人体内常常能见到它们的踪影，况且，它们在新陈代谢的过程中起到重要的作用。它们会将食物里的蛋白质分解得更小，以便我们从中获取能量。洗衣粉里同样含有蛋白酶，它可以去除衣物上食物留下的污渍。

当我们食用菠萝、猕猴桃或者木瓜时，蛋白酶就会分解舌头的构成成分：它们实际上会从内部"消化"舌头。若干个世纪以来，南美洲的人们早就习惯了将很柴的肉放入猕猴桃或者木瓜的果肉里，浸泡几小时，使它变得柔嫩。时至今日，我们仍能买到粉末状的菠萝蛋白酶和木瓜蛋白酶用于烹饪。有一种用于治疗严重烧伤的新药品，它的成分中含有菠萝蛋白酶和其他蛋白酶。这些蛋白酶能去除伤口中坏死的组织。这么说来，这种"食肉水果"十分有用。从今往后，我们再也不用怕菠萝了，我们的舌头会在受伤后最短的时间内得到治愈。

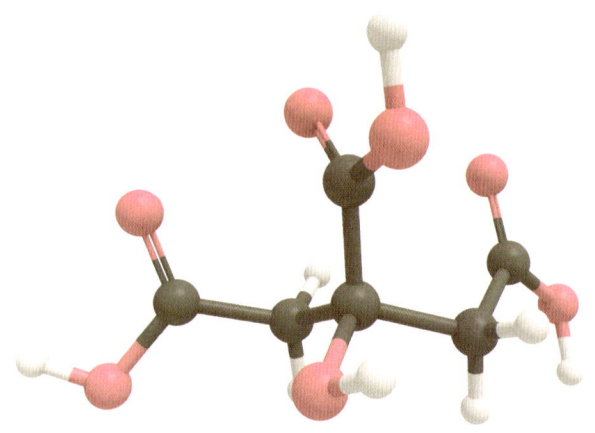

柠檬酸

特工的好帮手

　　柠檬酸是存在于诸多水果，尤其是柑橘里的一种弱酸。它是食物中重要的调味剂，比如软饮料。每年产出的140万吨柠檬酸几乎可以灌满整栋美国帝国大厦。由于它能结合金属离子，因此，我们常常能在洗衣粉里见到它的踪影。它的作用就是令皂粉在硬水（碳酸钙含量较高的水）中很好地发挥效用（详见乙二胺四乙酸）。

　　接下来要说的可能愈发奇妙：柠檬酸还可以被用作隐形墨水。用柠檬酸写下的字用肉眼无法看见，可是，只要加热，它就会变得焦黄。变色是由一道类似于焦糖化的复杂程序所导致的。我们至今都没能完全理解其中的奥秘，它是由酸和纸里的纤维素反应引起的。这种焦黄色也会在长时间放置在室温下的纸张上出现。另外，用柠檬汁写成的字在紫外线灯的照射下或是碘伏的喷射下也同样可以变得清晰可见。不过，想要严守国家机密，还有其他更方便的方法。

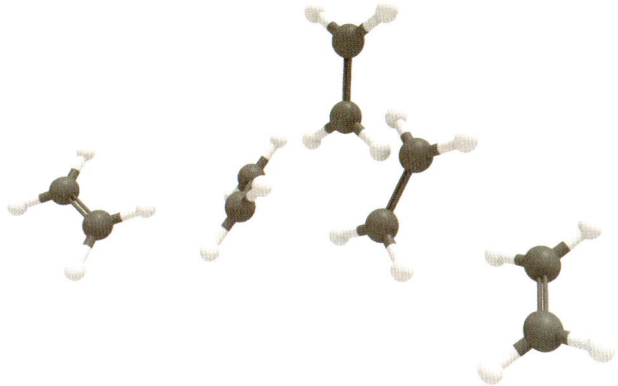

乙烯

塑料袋里的专属实验室

如果把苹果存放在阴凉、干燥的环境中，它就能存放几个月之久。可是，只要其中出现了一个烂苹果，那么用不了一个星期，其他苹果也该丢了。这一成熟、腐烂的连锁反应是由一个很小很小的分子引起的，它就是乙烯。

乙烯是我们在无数化学过程中都能见到的基本分子，并由此成为当今世界上产量最高的化学物质。如果把分子比作乐高，那么乙烯就是其中的 2×4 积木颗粒。它还是塑料保鲜袋的原料（详见聚乙烯）。这种分子和其他许许多多化学品一样存在于自然界中。乙烯是一种气体。植物的每一个部分几乎都会产生乙烯。乙烯越多，果实越成熟。由于乙烯可以刺激水果成熟，因此，它的出现令水果陷入恶性循环之中。果实越成熟，产生的乙烯就越多，而乙烯又会进一步加速果实的成熟。

某些水果只有在树上时才能成熟，例如浆果和柑橘。因此，我们必须在它们最成熟的那一刻把它们采摘下来，然后立即送到消费者的餐盘里。某些种类的水果却可以在采摘后变熟，例如香蕉、牛油果、梨和苹果。我们可以早早把它们摘下来，放心地存放很长时间，然后赶在送去超市的前一天用高浓度的乙烯将它们催熟，使它们适宜食用。

想要在家完成这种快速催熟也不是什么难事。我们根本不需要任何化学装置或是装满气体的高压气缸，只需要一根熟透了的香蕉，它能在一天之内令一个硬邦邦的牛油果变得软糯可口。

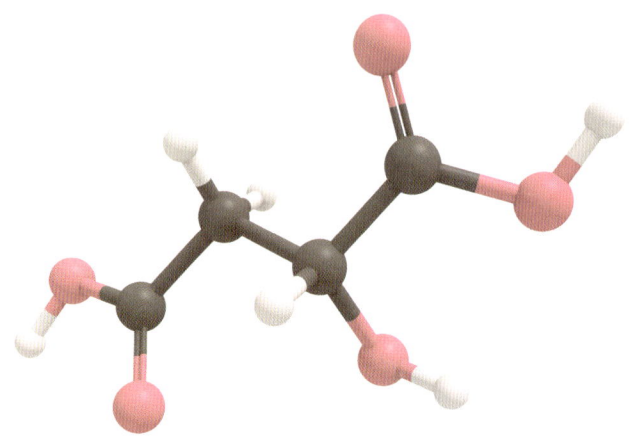

苹果酸

琐碎的俗称

　　制定化学名称是一件十分复杂的事情。这本书里的大多数物质都拥有一个所谓的俗称或一个品名。其中的原因很简单，毕竟，紫杉醇和泰克索都算得上好记，而（1S,2S,3R,4S,7R,9S,10S,12R,15S）-4,12-双（乙酰氧基）-1,9-二羟-15-（{（2R,3S）-2-羟基-3-苯基-3-[（苯氧基）氨基]乙基}氧）-10,14,17,17-四甲基-11-环氧-6-氧杂四环[11.3.1.03,10.04,7]十七碳-13-烯-2-基苯甲酸酯就显得很绕口。这个所谓的学名是我们依照国际惯例制定的，它精确描述了其中的结构，可是，想要记住它可真是不容易呢。

　　几百年前，科学家们才刚刚着手探索有机化学。那时，所有物质的名字都很随意。每当有人发现了一种新物质，他就会用自己或是某路神明的名字给这种物质命名，如果愿意的话，甚至还可以用自家小狗的名字给它命名（只可惜，据我所知，没有人用后面这种方式命名）。1787年，法国化学家拉瓦锡（Lavoisier）做出一个富于远见的举动。他首度提出对已知的物质进行系统化命名，以便对当时已知晓的物质进行分类。如今，他提出的命名系统几乎没有保留下来，讽刺的是，一部分分子的俗称却留存了下来。苹果酸（2-羟基丁二酸）的命名来自拉丁语中的"苹果"（malus）一词——acide malique。英语里依然将这种物质称为malic acid。在荷兰语里，我们将某些酷似苹果酸的物质称为malaten。苹果酸是西瓜、桃子和樱桃一类核果类水果中最常见的酸，当然了，苹果就更不用说了。

★ 图片上的文字：琐碎的俗称
（1S,2S,3R,4S,7R,9S,10S,12R,15S）- 4,12-双（乙酰氧基）-1,9-二羟-15-（{（2R,3S）-2-羟基-3- 苯基-3-[（苯氧基）氨基]乙基}氧）-10,14,17,17-四甲基-11-环氧-6-氧杂四环[11.3.1.03,10.04,7]十七碳-13-烯-2-基苯甲酸酯

牙齿

　　在中世纪，形容牙医最贴切的词藻或许就是"高级木匠"。如今，他们倒更像是合格的化学家。食物会导致牙洞的出现，牙医则在紫外线的照射下用聚合物的混合物填充牙洞。在化学药品的帮助下，我们还可以漂白或者加固牙齿。只要用一层薄薄的塑料包裹住孩子们的牙齿，就可以避免牙洞的产生。当然，化学在牙膏和其他洁牙产品的开发过程中同样扮演了重要的角色。人们不断研究和提升其中的成分，以此更好地保持牙齿的清洁，避免龋齿的出现。在这一章节中，让我们一起来看看与牙齿息息相关的化学原理。

● 氟化钠和食盐（氯化钠）一样，都是一种盐，正离子和负离子整整齐齐地排列在晶格里。

氟化物

科罗拉多斯普林斯的健康牙齿

1900年前后，美国牙医弗雷德里克·麦凯（Frederick Mckay）在科罗拉多斯普林斯观察到一种奇特的现象：所有居民的牙齿上都有褐色的斑点，而牙洞却少得离谱。不知道麦凯是不是因为科罗拉多斯普林斯居民们的牙齿太健康了，所以才有了充裕的时间进行研究。不管怎么说，他发现饮用水是导致这一现象出现的缘由。一项化学研究的结果证实了他的推断，并且指出氟化物是主因。

氟化物对牙釉质产生作用，令它愈发坚固。对于儿童来说，它具有十分强烈的保护作用。使用氟化物能令牙洞的数量减少50%~70%。氟化物无色、无味、无臭，在低浓度的情况下，牙齿上的褐斑不会对人体造成任何损伤。在包括美国和澳大利亚在内的一些国家，人们往饮用水里加入氟化物。在荷兰，我们没有那样做。我们的理念是每个人应当自行决定如何对待自己的身体。当然，我们依然可以选择格外注意保护牙齿。这一点，我们不需要使用来自异国他乡的治疗方法，也不需要从悉尼进口自来水就能做到。牙膏里就含有氟化物，通常情况下是氟化钠。氟化钠遇水就会溶解，分解成钠离子和氟离子。假如你和某些阴谋论的拥趸一样，相信氟化物会令你依赖药物甚至沉迷上瘾，那么，市场上的无氟牙膏也多的是。不过，刷牙的时候一定要格外仔细哦。

★图片上的文字：超白

11

三氯生

不要恐慌！

三氯生是一种抗菌剂，它既能杀霉菌又能杀细菌。这种物质最初是作为医院里的消毒剂使用，而如今，它的身影出现在各类洗护产品中：从牙膏到洗发水，从止汗露到化妆品，它无处不在。的确，三氯生在广谱抗菌方面有奇效。无论在酸性还是碱性环境中，它都具有稳定性，也不会因为洗护产品中含有其他成分而减弱或改变效力。

三氯生能抑制菌内脂肪酸的形成，由此导致它们丧失功能。三氯生几乎不会引发任何不良反应，对皮肤也很温和。大约10年前，三氯生还被视为对人体完全无害，然而，近些年来却发生了一些变化。原来，三氯生的分子结构与一些甲状腺激素相似，有可能导致内分泌系统发生紊乱。这样的结果会对健康产生不良影响。

当然，我们暂时不需要以大肆丢弃牙膏作为预防手段。只要科学继续发展，我们就能不断有新发现，了解人体是如何运行的以及各种分子会对人体产生什么样的影响。只要你没有每天吞下几管牙膏，就没什么太大的问题。

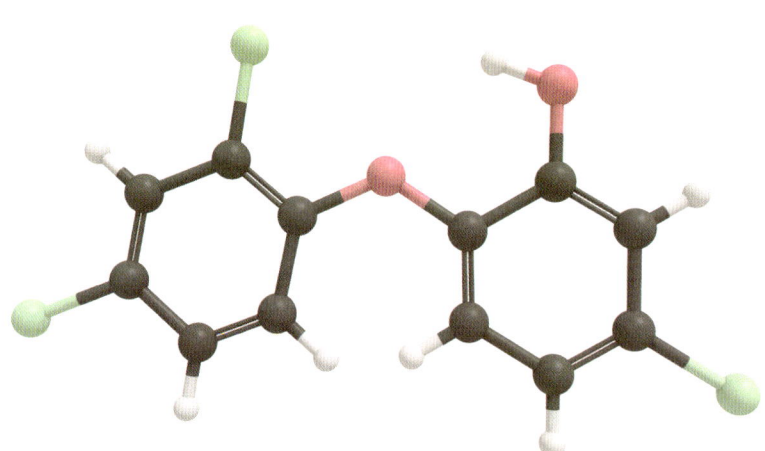

● 每一个三氯生分子都含有3个氯原子。

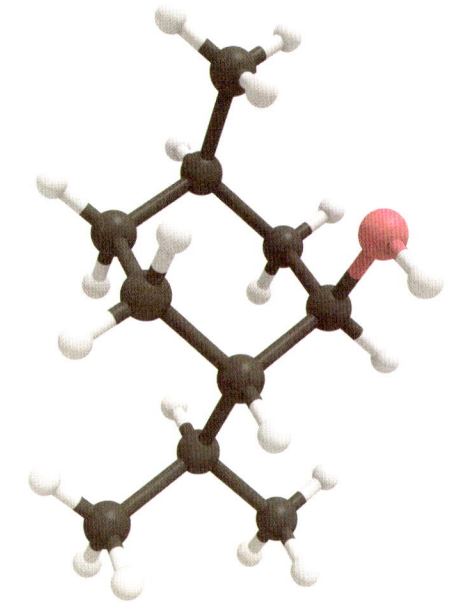

● 薄荷醇等同类物质属于萜烯，是植物以5个碳原子为基础组成的化合物。

薄荷醇
感受器的把戏和诡计

　　牙膏的主要作用是清洁牙齿，可是，我们也希望让美好的一天从清新的口气开始。所以，牙膏里常常含有薄荷醇。薄荷醇是一种可以从薄荷里提取到的物质。如你所见，图片上画的立体异构体是能提取到的。它的味道十分清新，以至于我们的身体误以为我们吃了清凉的东西或是往皮肤上涂抹了清凉的东西。

　　皮肤和舌头通过细胞膜的通道在遇到冷热环境时的张合情况记录温度。每当通道打开时，蓄势待发的粒子从隔膜的一侧向另一侧涌去，给大脑传递一个信号。薄荷醇激活了通常情况下负责记录低温的通道，从而让我们感受到寒冷。辛辣的咖喱恰巧会激活记录高温的通道（详见辣椒素）。

　　此外，薄荷醇也是香烟的已知成分之一，它能提升烟草的味道，缓解香烟对喉咙的刺激，方便烟草进入灼痛的喉咙。薄荷香烟最早进入市场的时候，人们打着"健康"香烟的旗号进行售卖，然而，最新的调查研究显示，薄荷醇或许会导致人们吸烟成瘾。因此，薄荷烟被禁止销售了。

过氧化氢

艾格纳提乌斯的牙齿和基尔特的发型

卡图卢斯（Catullus）是一位古罗马诗人，他通过诗作《艾格纳提乌斯，因他有一口白牙》向他的读者讲述了古罗马人异乎寻常的习俗。艾格纳提乌斯的牙齿之所以那么亮白，是因为他每天早晨用自己的尿液涂抹牙齿。如果你想要尝试，互联网上流传着无数种方法教你如何快速催熟尿液。如果你觉得有些难以忍受，幸好科技得到了发展。

过氧化氢是漂白牙齿最常用的物质之一。它同样也是造就玛丽莲·梦露（Marilyn Monroe）和基尔特·威尔德斯（Geert Wilders）[1]等诸多知名人物的分子。过氧化氢是一种强氧化剂，能将色素转化为无色的分子。这一特性恰好适用于纺织品和纸张的漂白。

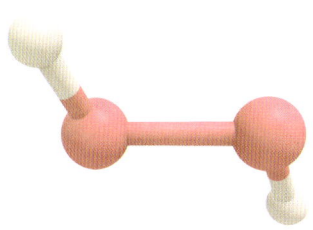

过氧化氢对环境的危害比漂白剂小，毕竟，它会在反应后分解为氢气和氧气。警察很好地利用了这一特性，将它应用于法医检验。血液里的血红蛋白加速了过氧化氢的分解，其中所产生的氧原子会与一种叫鲁米诺的物质发生反应，释放出绿色的光芒。通过这种方式，犯罪现场的血迹便会显现出来。

● 牙医们在漱口水里加入了 1% 的过氧
化氢溶液，以此对抗新型冠状病毒。

---

1 译者注：基尔特·威尔德斯（1963—），是荷兰自由党的领导人。

● 食盐晶体的形状是立方体，纳离子和氯离子整整齐齐地交错排列，排列在三个相互垂直的方向上。

氯化钠

毒气 + 爆炸物 = 美味的晶体

如果你想在亚洲买一管新牙膏，那你可得睁大眼睛看清楚了，毕竟，不是所有人都和荷兰人一样钟爱清新的薄荷味。一不小心，你就会发现自己站在盥洗池前，满嘴是盐。牙膏里含有研磨剂，这种微小的粒子会在我们刷牙时刮掉我们牙齿上的牙菌斑。这些小颗粒有可能是用塑料做成的，也有可能是用羟磷灰石（牙釉质的主要成分）一类的矿物做成的。许多国家的人们都更钟爱小颗粒的盐晶体，就连牙医也了解这种喜好。当你去牙医那里接受诊疗时，他用极小的盐晶体对你的牙齿进行一番"喷砂"处理。

　　氯化钠（食盐）由氯离子和钠离子构成。氯气是一种有毒气体，而碱金属钠遇水则会燃爆。氯和钠这两种元素合在一起形成了一种无害的白色晶体。如今，我们常常听说过量摄入食盐所带来的危害，可是，摄入得太少所带来的危害也一点儿不轻。在我们的日常饮食中，钠最主要的摄入途径是盐，盐是我们生活中必不可少的一部分。

★ 图片上的文字：盐

　　盐不仅为我们的食物带来咸味，还提升了我们的味觉感知。反正，加入少量食盐的食物就是比不加盐的好吃。另外，我们也可以用盐延长食物的储存期限，例如腌制鱼或肉。如今，盐便宜且无处不在，从前它却一度十分难求，是昂贵的交易产品。因此，世界历史与盐的生产休戚相关：得盐者得天下。

汞

神奇的金属

汞简直无与伦比。汞的化学符号是Hg——是"hydrargyrum"的缩写。这个词的意思是"液态银",而它的形态也是如此。就连"汞"的荷兰语名字kwik也与kwiek[1]以及英语的quick有直接联系,清楚指出了这种物质的特性。汞非常重,并且具备很强的表面张力:只要倒一点出来,它就会形成几乎完美的圆圈,像弹珠一样滚来滚去。唯一可惜的是,它的毒性很强。

普通的液态汞并没有什么奇特的,比如温度计里的汞。问题在于这种元素很容易与其他物质结合,形成对人类和动物有害的物质。汞能与蛋白质结合,在人体内堆积,毒性可持续几个月甚至几年时间。就拿甲基汞来说吧,它以很低的浓度存在于海水里,被海藻吸收。以海藻为食的鱼类在体内堆积了大量的甲基汞,以致于吃多了鱼的人们便有汞中毒的风险。

另一个能接触到汞的地方就是牙医的诊室里。如今,补牙所用的填料大多是用合成树脂做成的,但从前,人们却常常使用汞合金。汞合金是汞和其他几种金属的混合物,由于它的颜色是银色的,所以我们一眼就能认出来。当然,我们完全不需要因为汞合金做成的填料而感到局促不安,毕竟,它完全由普通的单质汞制成(而且绝对不会从牙齿里流出来)。

---

1 译者注:荷兰语的kwiek一词意为"快速的"。

咖啡和茶

咖啡和茶是世界上（除水之外）被消耗最多的饮品。每当我们想要放松心情，想要热闹一番或者想要能量满满的时候，我们就会喝上一杯咖啡或茶。茶叶和咖啡豆是纯天然的，可是，想要把它们变成香醇浓郁的饮品，则离不开一大堆人工的化学处理。从植物到杯中饮品的过程需要一系列化学处理，将咖啡豆或者茶叶里的分子进行转化。

咖啡和茶最终的气味、颜色和味道不是由一种物质决定的，而是由成百上千种分子复合而成的。谁也不知道具体有多少种分子，不过，至今为止，我们已经在咖啡里找到了大约1000种各式各样的香料分子。在这个章节里，让我们一起来看看制作一杯能带给你日常慰藉的饮品的过程中必然发生的反应和最有意思的分子。

● 咖啡因的正式名称是 1,3,7- 三甲基黄嘌呤。
  它的三甲基十分容易识别。

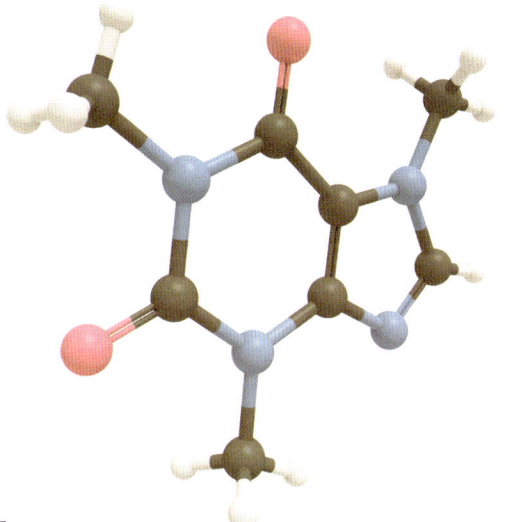

咖啡因

人类社会的发动机

　　咖啡因是世界上最能刺激神经
的物质，因而咖啡机成为工作场所中最
受欢迎的东西也不足为奇了。长期和大剂
量的摄入能令咖啡因对大脑所产生的效应堪比其他大多数刺激神经的
物质（通常来说属于违禁品），例如可卡因和摇头丸。一方面，为了感
觉得到它的效力，人们所使用的剂量越来越大，况且这种物质具有成
瘾性；另一方面，一旦停止服用它，人体可能会出现戒断症状。不喝
咖啡就觉得大脑不转的人绝对不止一个。尽管咖啡因有这么多缺点，
但是，在荷兰，平均每人每年所消耗的含咖啡因饮品达上百升。

　　咖啡因能提神和提高精神专注力。由于咖啡因能提升竞技水平，
因此，它是体育运动员们的心头好。奥林匹克运动会曾一度禁止运动
员摄入咖啡因。在咖啡和茶的制作过程中，咖啡因与其他香精和调味
料一同溶于热水中。这个过程受制于各种各样的因素，因此，如果你
真想泡上一杯浓浓的咖啡或茶，你可以通过温度、浓度或者烹煮时间
来进行实验。过量摄入咖啡因甚至可能致命，不过，想要通过过量饮
用咖啡或茶的方式摄入那么多咖啡因也不是一件容易的事。毕竟，你
得一连喝上至少50杯才行。你还没来得及把它们全都喝进肚子里，一
大半就已经被排出体外了。就算你真的能把它们全都装进肚子里，你
也早就在喝下第五十杯之前因为水中毒而死了。

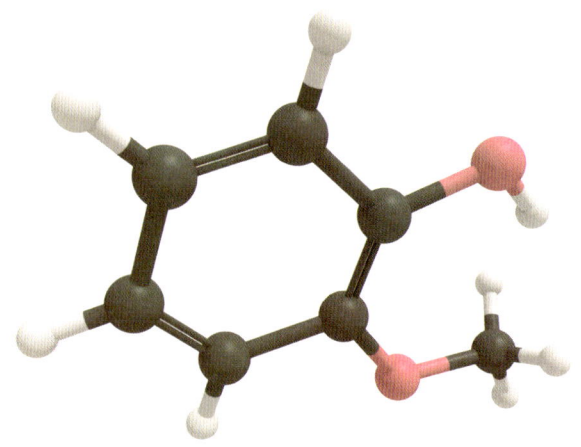

邻甲氧基苯酚
《圣经》中瘟疫的分子始作俑者

　　咖啡因并不是咖啡中唯一的活力因子。研究结果显示，仅凭咖啡的气味就足以让我们清醒过来了。新鲜出炉的咖啡所散发出来的浓郁的气味是至少1000种不同挥发物的功效。未经加工的咖啡豆含有高达10%的绿原酸，这种物质带来苦涩的味道。当咖啡豆被燃煮时，一部分绿原酸分解成更小的分子。其中的一小部分（大约1%）具有挥发性，于是，我们便能闻到它的气味。咖啡气味之中有一种重要组分，它也是众多挥发物中的一种——邻甲氧基苯酚。

　　人们将邻甲氧基苯酚的香味描述为烟熏而又浓郁。这种微小的分子还为培根和威士忌增添了风味。它的结构看起来十分简单，然而，这完全是假象。要知道，《圣经》中蝗灾的罪魁祸首并不是摩西，而是这种微小的分子。邻甲氧基苯酚是沙漠蝗虫的信息素。这些虫子的肠道分泌出邻甲氧基苯酚，以此吸引彼此的注意。邻甲氧基苯酚在蝗虫之间的传播造成了蝗虫泛滥，威胁着全世界的农作物。

L-茶氨酸

多多关注绿茶

早在19世纪，人们就从茶里提炼出了一种名叫茶因的物质。那时，人们对新物质的定性主要通过闻、看和尝。因此，直到许多年后，人们才发现，原来茶因和咖啡因就是同一种物质。

晾干的茶叶和咖啡粉里的咖啡因的含量相差无几，可是，由于我们喝的茶比较淡，因此，一杯咖啡里的咖啡因含量比一杯茶里的高。我们喝咖啡是为了提神，喝茶却是为了放松。只不过，茶（包括绿茶）里的咖啡因含量也相当可观。然而，除含量上的差异以外，茶里还含有一种额外的秘密原料，正是它让茶的效力有别于咖啡。

L-茶氨酸几乎是茶叶所特有的。它含有一种鲜味。我们不清楚它究竟会对大脑产生什么样的作用，但是，研究显示，L-茶氨酸能令食用者感到放松。它能去除咖啡因的锋芒：喝的人既能提神又能放松。抹茶就是日本的一种磨成粉末的茶，专门用于获取"平静的能量"。这种植物生长在背阴的地方，并由此产生更多的咖啡因和L-茶氨酸。平常喝茶时，进入我们体内的只有浸泡过茶叶的水，而食用抹茶时，整片叶子都会被我们吃进肚子，因此，我们所摄入的咖啡因和L-茶氨酸也比普通的茶叶更多。抹茶在很短的时间内红遍大街小巷，可是，一杯加了16块方糖的抹茶星冰乐所产生的镇静作用是不是跟一杯传统的日本茶一样，那就值得商榷了。

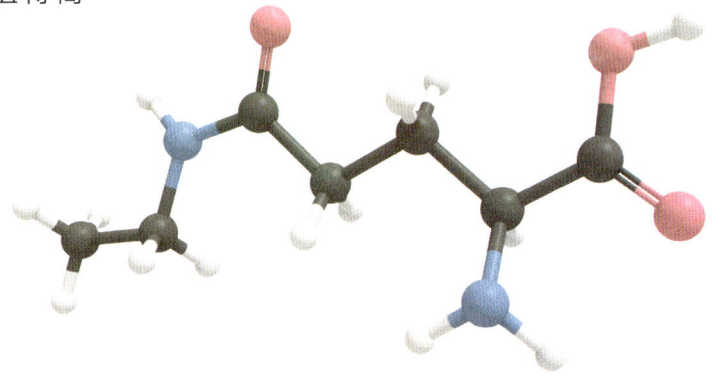

● L-茶氨酸是一种氨基酸。

猫屎咖啡

通往顶级咖啡的曲折道路

在印度尼西亚的苏拉威西岛上分布着原始森林。原始森林的深处生活着麝香猫——一种小体形的猛兽，它的长相酷似貂。这个小家伙很喜欢吃咖啡浆果，喜欢它甜甜的果肉，随后又把难以消化的硬核（咖啡豆）拉出来。你也许很想知道，第一个决定把咖啡豆上的屎冲洗掉，煮出一杯香喷喷的咖啡的人是谁。不过嘛，早在荷兰殖民时期，猫屎咖啡就已经被视为一种珍馐，并以此而闻名。

麝香猫的胃里有多种酸性物质（包括盐酸）的混合物以及能将食物里的蛋白质消化分解的物质。当咖啡豆进入肠子的时候，咖啡豆的外层已经被破坏得千疮百孔，于是，肠道菌群进入咖啡豆。这些细菌令咖啡豆发酵。这听起来令人作呕，可是，这种通过细菌令咖啡发酵的工艺也同样被应用于工业化的制作手法中。人们还发现，这种工艺能降低苦感。

麝香猫以天然的咖啡豆为食，可是，它的消化道却并没有什么特别之处。显然，有些人受到麝香猫的启发，如今从大象的粪便里弄出了咖啡。据制造者所说，这种咖啡比猫屎咖啡更好喝。麝香猫是杂食动物，而大象却恰恰相反，是植食动物。因此，从理论上说，大象能更好地消化植物类的原料。无论大象还是麝香猫都十分独特，可是，你要是想亲自做些实验，也没什么难的。要不然试试牛粪咖啡或者长颈鹿屎咖啡？

美拉德反应

平底锅里的专属实验室

化学没什么难的。不经意间，你就能随时随地地完成最复杂的化学反应。我们的身体是超厉害的化学家，整天进行着各种各样的化学反应，让我们所有的细胞尽情发挥功能。不过，我们有意用到化学的地方比我们以为的多得多，说不定每天都会用到。

　　氨基酸和糖到达140摄氏度的高温时，就会相互发生反应。这个过程也被称为美拉德反应。这种反应的产物大多都是香精、色素和调味料。这听起来有些复杂，可是，这恰好就是烤肉、烤面包、煮咖啡豆和煎鸡蛋时所发生的事情。焦糖化也是一项类似的反应，在这项反应里，糖在高温的影响下分解或发生变化，就像焦糖布丁那样。而这项反应也同样能够轻易在家里实现。美拉德反应和焦糖化共同创造出丰富、咸鲜的口感和焦黄的颜色。

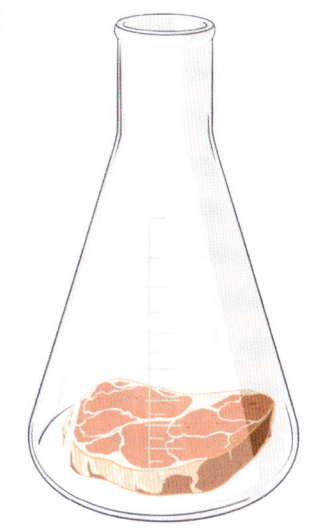

　　对于真正的咖啡风味而言，美拉德反应是不可或缺的。在烘焙过程中，通过往咖啡豆里加糖就能令美拉德反应加剧、加速。这样一来，咖啡变得愈发醇厚，香味愈发浓郁，颜色愈发浓重。除此之外，加剧和加速美拉德反应的办法还有提高pH值（比如使用碳酸氢钠）、除水和升温。因此，想要让牛排的表面酥脆可口，就可以在烧制前把它擦干并用高温烹制。

儿茶素
寡淡无味的健康分子

　　"茶"这个字如今被用来定义各种各样的草本植物，然而，它最初是专指茶树（*Camellia sinensis*）叶子产品的。真正的茶叶种类之间的区别仅仅是制作工艺的区别。绿茶、白茶、抹茶，它们全都是茶树的不同变体。被摘下的茶叶会经过长时间的风干，在这一过程中，它自然而然会经历一段被称为"酶氧化"的过程。

　　绿茶里有高浓度的儿茶素（分子形态见下图），足足占溶解物的

30%。茶叶自然不会在热水里完全溶解，假如我们等到一杯绿茶里的水挥发殆尽，那么剩下的东西里所含的儿茶素比例就是30%。酶氧化为这些分子增添了氧原子。在氧化时间更长的红茶里，儿茶素所占比例降至9%。红茶里受氧化的分子也是造成（红茶相比绿茶而言）味道醇厚和颜色浓重的重要原因之一。

最近几年，儿茶素被冠上了神奇分子的称号：它们能够治愈癌症，消灭有害病毒、细菌和重金属，预防心脏病和阿尔茨海默病。只可惜，我们尚且不清楚其中的科学依据。营养学家能够确定的是我们喝的水太少，所以，我们就继续多喝绿茶吧！

● 儿茶素的碳骨架里含有15个碳原子。

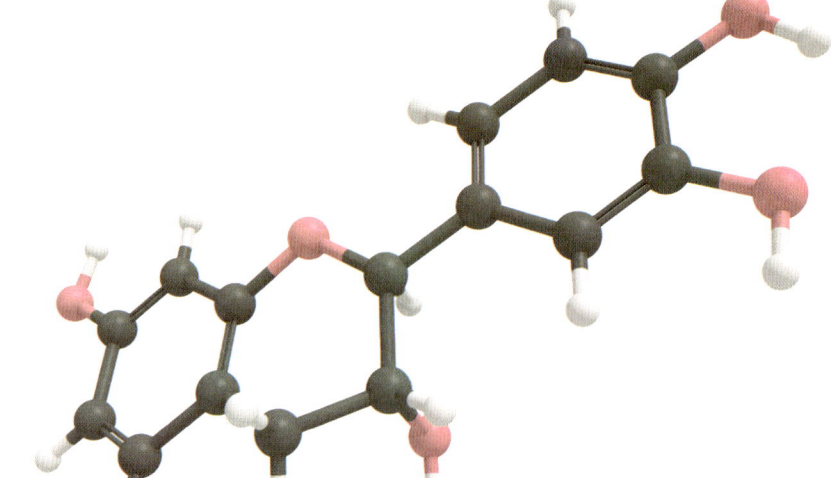

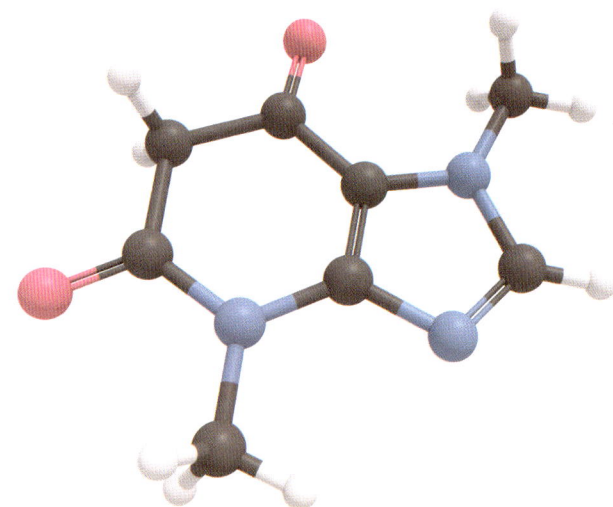

● 苦涩的可可碱和咖啡因一样，属于黄嘌呤。

可可碱

为什么巧克力对狗有毒

　　就其本质而言，可可碱主要存在于可可豆、咖啡豆和茶叶里。它的名字源于拉丁语里可可树（*Theobroma cacao*）的名字，这个名字是由古希腊语里的两个词——theos 和 broma（"神"和"食物"，又或是神的食物）组成的。你可别把它和溴这种元素搞混了，溴的名字起源于希腊语里的 bromos（恶臭）一词。

　　可可碱的分子结构与咖啡因简直相差无几。唯一的区别就是可可碱里少一组甲基。只可惜，对于巧克力的狂热爱好者来说，这小小的一组甲基就能带来很大的区别，而可可碱的活力也因此有别于咖啡因。大剂量服用可可碱同样是有毒的。身体健康的成年人要吃下几公斤巧克力才会产生反应，可是，在极端情况下，老年人会因为肝脏、肾脏虚弱而被送往急救室。

　　对小狗和小猫来说，巧克力是有毒的。首先，它们的体重远远低于人类，因此，就算是低剂量的巧克力也会产生较大的影响。同时，它们对可可碱的分解能力也更弱。对吉娃娃来说，小小一块巧克力就能带来致命的威胁。如果家里养的是猫，那么主人通常可以放心地把巧克力留在桌子上。猫缺少一部分 DNA，因此，它们不太尝得出甜味，也不怎么喜欢巧克力，所以不会轻易把可可碱吃进体内。

软饮料

炎炎夏日里，还有什么比一瓶清凉的可乐更可口的呢？又或许你一边看电影，一边就会灌下一升半的橙汁？哎呀呀，食品健康中心的人要是知道了，可要不高兴了。在荷兰，每人平均每天都会喝掉一杯软饮料。这样一来，我们轻而易举地把7茶匙(甚至更多)的糖吃进了体内。难怪许多研究都发现软饮料消费量的增长与肥胖人群数量的上升之间存在不可忽视的联系。如今，荷兰的一半人口和美国的2/3人口都面临肥胖的问题。软饮料里的其他物质同样不能大剂量食用，不然也会对人体产生致命的威胁。磷酸和咖啡因就是其中的例子。因此，我们最好适量饮用可乐。幸好，杯子里装的不仅仅是祸害和灾难。在这一章里，让我们一起来看看软饮料里最有意思的那些分子。

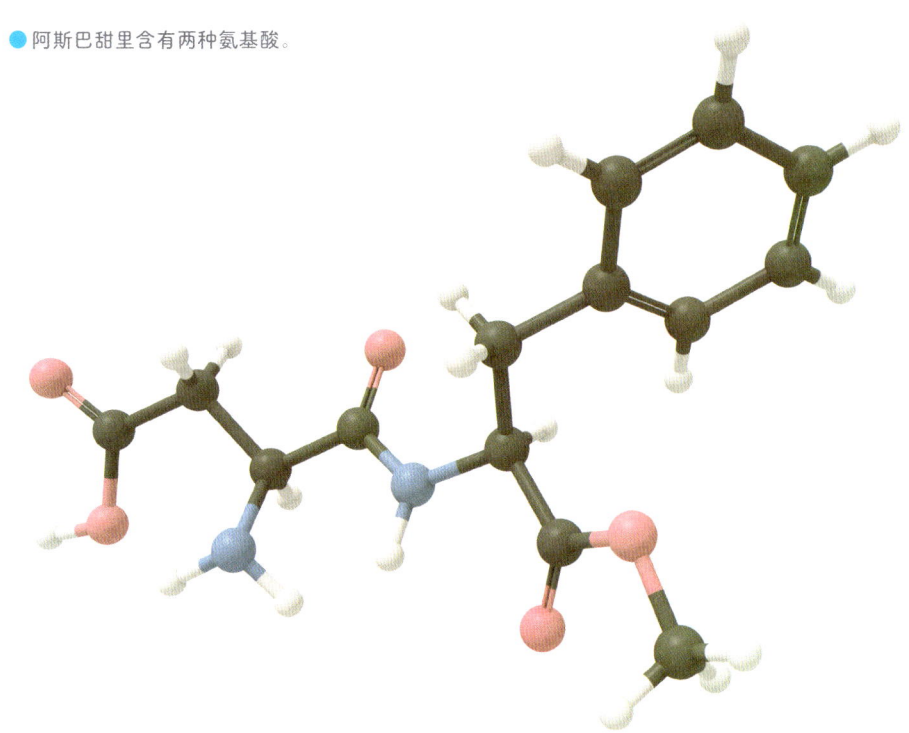

阿斯巴甜

低糖软饮料如何会在某个人舔了舔手指后横空出世

　　1965年12月，化学家詹姆斯·施拉特（James Schlatter）正在研发一种治疗胃溃疡的新药。他连接了两个氨基酸后舔了舔手指（这个习惯听起来很危险，令人惊喜的是，它却带来了诸多发现）。新物质阿斯巴甜尝起来竟然异常甜美。1克阿斯巴甜所含的能量和1克白糖所含的能量一样多，可是，它的甜味却是白糖的180倍。于是，我们所需要的糖的用量大大减少了。对于减肥的人来说，阿斯巴甜的这种特性简直恰到好处。

　　低糖软饮最初问世是为了满足糖尿病人的需求。那时候，这种饮料里含有糖精。糖精也是一种人工甜味剂。大约100年前，它以近乎一模一样的方式被人发现。糖精会产生一种类似于金属的余味，并且能令老鼠得膀胱癌。后来，一项调查研究证实糖精对人体无害，可是，在此之前，人们已经对糖精产生了抗拒的心理。因此，人们对新的人

27

工甜味剂产生了不小的需求。

　　自从20世纪80年代以来，阿斯巴甜是低糖软饮料里使用率最高的甜味剂之一。人体会将它分解为甲醇和两种天然氨基酸——苯丙氨酸和天冬氨酸。大剂量的甲醇是有毒的，不过，如果是小剂量的甲醇，那么肝脏就能轻松应对。甲醇原本就存在于果汁等物质内，其含量与软饮料里的甲醇含量相当。

磷酸
牙医诊室里的捣蛋鬼

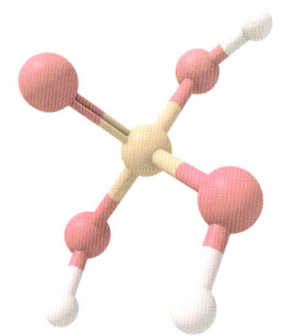
●磷酸是无色固体，可以防锈。

　　磷酸是一种酸性物质，并具有腐蚀性，对于化学肥料的制造来说至关重要。我们的家里也能找到它的踪迹，比如厕所清洁剂和除锈剂里。总而言之，磷酸听起来可不像是我们会心甘情愿放进饭菜里的调料。可是，我们的饭菜里却同样有它。与大多数化学药品一样，磷酸的毒性取决于它的浓度。说不定你今天还吃过一些磷酸呢。工厂常常把这种物质（低浓度的）灌注到果酱和可乐里，以增加酸味。基于磷酸的分子也是我们人体不可或缺的一部分，就比如它是我们的DNA和细胞膜的组成部分。

　　磷酸不仅能溶解锈迹，还可以溶解牙釉质。牙医在放置填充物质时常常会用到它。他们会用磷酸腐蚀牙齿，增强牙齿表面的渗透性——牙齿上出现许许多多微小的孔。这样一来，填充物能附着的表层面积就增大了，能更好地留存在牙齿里。前面所说的腐蚀效应也同样会发生在喝了太多可乐之后。用天然饮料代替可乐起不到什么效果，毕竟，果汁和葡萄酒里同样含有容易引发牙酸蚀症的酸性物质。如果要听从牙医的嘱咐，那么我们大概只能喝水了。

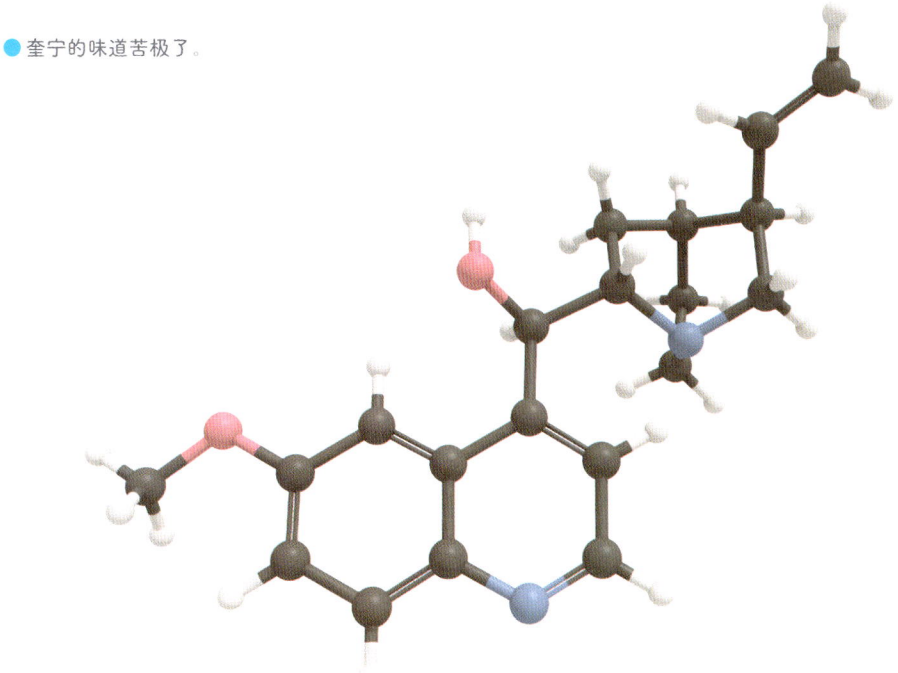

奎宁

隐藏在鸡尾酒会里的救命药品

疟疾是一种传染病，每年都有几十万甚至上百万人死于这种疾病。就以去往非洲的旅客为例吧，他们必须吞下大量防治疟疾的药物（带有严重副作用），要知道，即便是在 21 世纪，疟疾仍旧是一种危及性命的疾病。这是一种由蚊子传播的，由寄生虫引发的疾病。一则源自秘鲁的传说讲述了一个高热不退的男人的故事。他喝了热带丛林深处一个池塘里的水，水的味道很苦，他以为水里有毒。幸好，几小时过后，他还没死，更神奇的是，他的病也好了。这种苦味来自奎宁。人们在生长于安第斯山脉的金鸡纳树树皮里发现了这种物质。

在这个故事里，这种来自安第斯山脉的药物最终传遍了世界，因为当地的一位医者用它治好了钦琼伯爵妻子的病，她把这种药带到了欧洲，之后，耶稣会的传教士们继续将它传播开去。从 17 世纪开始，奎宁（当时被人们称为"耶稣会粉"）成为世界范围内治疗和预防疟疾的标准药品。印度的英国殖民者不喜欢那股苦涩的味道，于是，他们往奎宁里混入了含糖和碳酸的水。就这样，他们成了汤力水的发明者。由于士兵们有金酒的配给，因此，没过多久，他们就创造出了金汤力。

几百年来，奎宁被广泛应用于各个领域，由于疟原虫对它的抗药性发展得十分缓慢，因此，奎宁在某些情况下依然比一些副作用更少的新药占有更多的优势。汤力水加金酒，外加一片黄瓜，味道真是好极了，不过，对于健康而言，它并没有什么附加值。因为，汤力水里的奎宁含量太低了，根本无法抵御疟疾。在黑光灯的照射下，它闪闪发光——奎宁具有强荧光的特性，因而会在紫外线的照射下释放出蓝盈盈的光芒。你可以亲自拿着汤力水在迪斯科舞厅里试一试。

碳酸

可乐里怎么会有气泡

从口味来说，碳酸或许是软饮料最重要的组成成分。要是没有这些酸津津、刺舌头的气泡，那么，即便最清凉爽口的饮料也会变得甜得发腻、无法下咽。碳酸这个词既包含了溶解于水的二氧化碳（CO_2），又包含了碳酸（H_2CO_3）这种物质。葡萄酒杯和啤酒杯里自然而然会产生碳酸，这就是发酵（详见乙醇）所产生的结果。通过高压令 CO_2 溶于液体里，便能产生气泡，气体在软饮料里溶解。一旦溶解，它就能和水产生反应，于是，H_2CO_3 分子便诞生了。这种物质为软饮料增添了酸爽可口的味道。

罐装和瓶装的饮料都处于高压之下。这样一来，碳酸就能保持液体的形态了。包装一旦被打开，压力便随之消失，产生让 CO_2 气体逃脱的空间。就连酸津津的 H_2CO_3 也再度分解，变成水和 CO_2。只要把罐子放置一会儿，刺舌头的感觉就会因为 CO_2 消散在空气里而逐渐消失，碳酸也同样消失不见了，于是，软饮的口感变腻了。这个过程就像是往满满当当的水桶中放入几个气球。我们可以硬把它们塞进去，

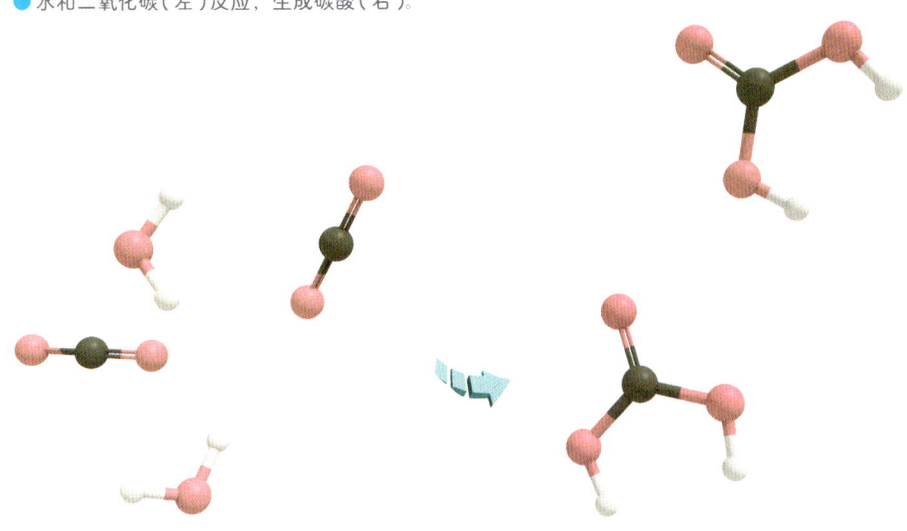

● 水和二氧化碳（左）反应，生成碳酸（右）。

可是，它们最终还是会浮上来的。除非在水面上盖一个盖子，那样一来，就可以把气球留在水里，想留多久就留多久。

遇水会分解并且产生 CO_2 的物质，在我们的面包（气体能造成膨松）和泡腾片里也有。当你打开一罐汽水时，你在心里暗自好奇自己的这个行为会成为温室效应多大的帮凶：那一刻，损害就已经造成了。要知道，每一罐可乐会释放出 2~2.5 克 CO_2。而同一罐可乐的生产和运输过程就已经产生了 170 克 CO_2。想要达到同样的 CO_2 排放量，那么一辆普通汽车需要行驶大约 1 千米。

香草醛
植物比最强工厂更厉害的地方

许多人喜欢香草味。这种味道常见于冰激凌、酸奶、软饮料、点心、香水里。它简直无处不在，几乎成了乏味、基本和标准的代名词。香草源自香荚兰——一种生长在某类兰花上的长条形豆子。

它所结出的花是靠玛雅皇蜂授粉的，这种蜜蜂只生活在墨西哥。在香草产量最高的马达加斯加，种植者手动为每一朵花授粉。似乎他们还嫌这样的工作量不够多，居然还把每一个豆荚都仔仔细细地处理一番。这个处理过程非常耗时，会一连持续好几个月。这一行为所导致的结果就是香草成了世界上最贵的香料之一。它的产量远远无法满足世界各地的需求。

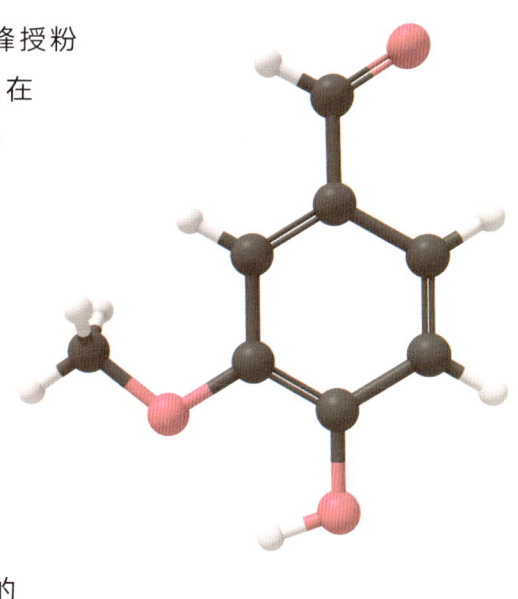
● 黄油和草莓里也有（一点点）香草醛。

香草醛是香草最主要的香气和风味成分，很容易通过木浆或者丁香油一类的物质合成。这种人工合成的调味料比天然香草便宜多了。合成香草和天然香草的化学结构完全一致，但是，真正的香草味是香草醛和香荚兰里150多种其他物质相结合的产物。这种结合体十分复杂，以至于工厂还无法完美复制出来。对于香草来说，纯天然的味道无可匹敌。

可卡因

与可乐搭档的古柯

早在200年前，吗啡就已经被用作止痛药，然而，它具有极强的成瘾性。美国的一名药剂师约翰·潘伯顿（John Pemberton）在美国南北战争期间遭受身体上的重创，因此迷恋上了吗啡，不堪其扰。于是，他决心寻找解决办法。在南美洲的某种古柯植物的提取物里，潘伯顿有了发现。他所开发出来的配方中，有一种是无酒精的饮品——可口可乐，它含有可乐果里的咖啡因。不幸的是，潘伯顿对这种提取物的效果有点误解。古柯提取物里的活性成分叫可卡因，它与吗啡相似甚至有更严重的副作用。

　　没过几年，可口可乐的标准配方里就见不到可卡因的踪迹了，但是，这种物质依然能在一些国家的各大药店买到。由于它轻微的麻醉作用，人们认为含有可卡因的滴液是最适合牙疼的儿童服用的东西。此外，这种刺激神经的物质还能治疗头皮屑。奥地利精神病医生西格蒙德·弗洛伊德（Sigmund Freud）是它的忠实拥趸，但凡遇到任何有可能治愈的疾病，他就会给病人开这种药物。

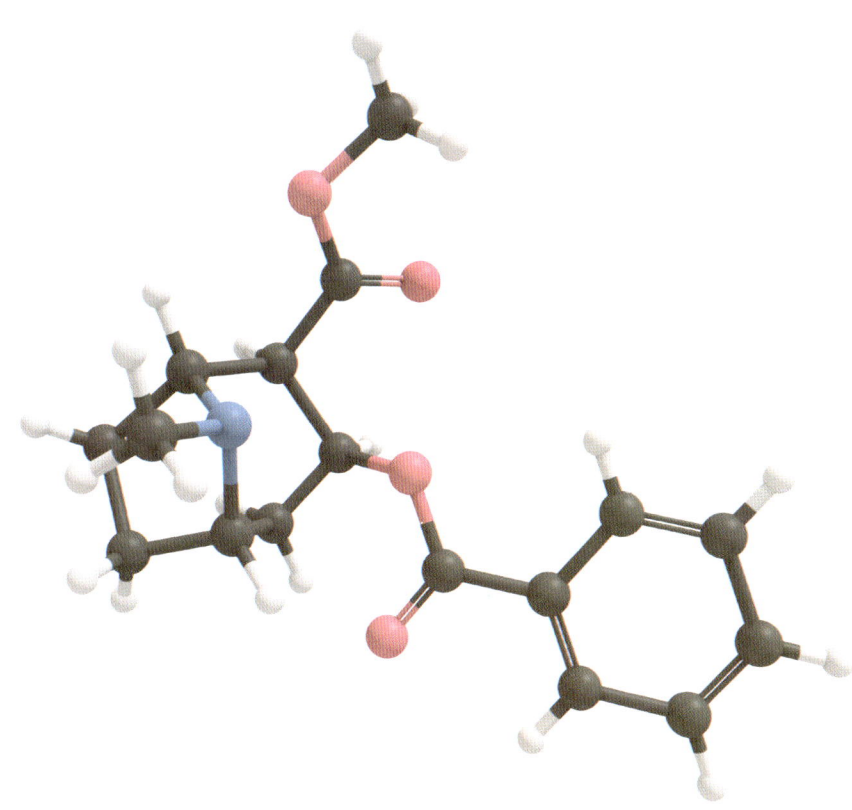

● 自1903年起，可口可乐里不再添加可卡因。

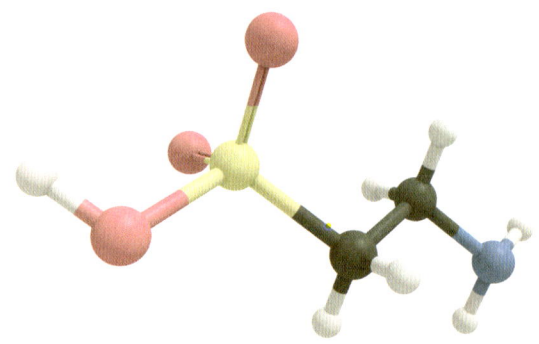

● 牛磺酸，又称 2- 氨基乙磺酸。

牛磺酸

能量饮料让你像公牛一样强壮

能量饮料最主要的成分是糖和咖啡因，换句话说，就是瞬时能量和刺激神经的兴奋剂。想要摄取这两种物质，还有更简单（而且便宜得多）的办法，那就是喝一杯甜甜的咖啡或者喝一杯可乐。因此，能量饮料的制作工厂需要采取更聪明的营销手段才行。他们可以设法寻找其他能把能量和注意力维持在较高水平的添加剂。

于是，我们常常能在能量饮料里见到维生素 B 族的各个成员，它们能帮助饮料里的糖分顺利转化成能量。这倒也没错：这原本就是维生素 B 的一种重要作用。为了方便，制作工厂忘记陈述一件事：人体所需要的维生素总量很少，正常饮食就能满足人体所需。昂贵的能量饮料所带来的多余的维生素都会被排泄出去。

牛磺酸是人体不可或缺的物质。它以十分可观的总量存在于我们体内，并参与了各种各样的重要过程，例如肌肉的生长、细胞膜的稳定和心脏的运行。由于婴儿需要牛磺酸，他们的体内又不能自动生成，因此，婴儿奶粉里也含有这种物质。人在运动的时候，血液里的牛磺酸含量就会上升，因此，它作为能量饮料里的成分听起来似乎十分合理。只可惜，我们不能随意置换原因和结果。没有任何人能够证明服用牛磺酸（通常情况下，每罐含有 1~2 克）能带来刺激的作用。

我们不能排除一种可能性：之所以选择牛磺酸，是因为它的名字恰到好处。因为牛磺酸一度是从公牛的胆汁里提取出来的，所以它的名字起源于拉丁语里的"公牛"一词（taurus）。看看"红牛""牛饮"这些品牌的名字，显然，软饮料产业倒是很乐意保持这层关系。

涤纶树脂（PET）
抵御塑料污染的塑料

塑料真是好极了。我们可以把它制作成任何形态，也可以随意调整它的特性，它既便宜又超级结实。只不过，仔细想想，最后这种特性其实并不是什么好事。塑料不能或很难被生物降解，所以会在自然界里堆积成山。对此，我们也束手无策（尽管如今已经有了能够进行生物降解的塑料）。我们能做的就是重复使用塑料。因此，回收利用塑料是我们所面临的最大挑战。

在回收利用方面做得最成功的塑料就是涤纶树脂（聚对苯二甲酸乙二醇酯）。大多数软饮料的包装都是涤纶树脂。涤纶树脂做成的瓶子一开始被制成厚厚的、透明的试管，之后，又装入模具，被吹成巨大的瓶子。由于荷兰人有很强的环保意识（或许也是钱包在捣鬼），所以在荷兰90%以上交过押金的瓶子都会得以回收。荷兰人不会二次使用这些瓶子，但是会回收使用其中的塑料。回收的瓶子可以被用于各个领域，从建筑材料到时兴的生态家具。

● 每年都有几千万吨的涤纶树脂
  被制成纤维和瓶子。

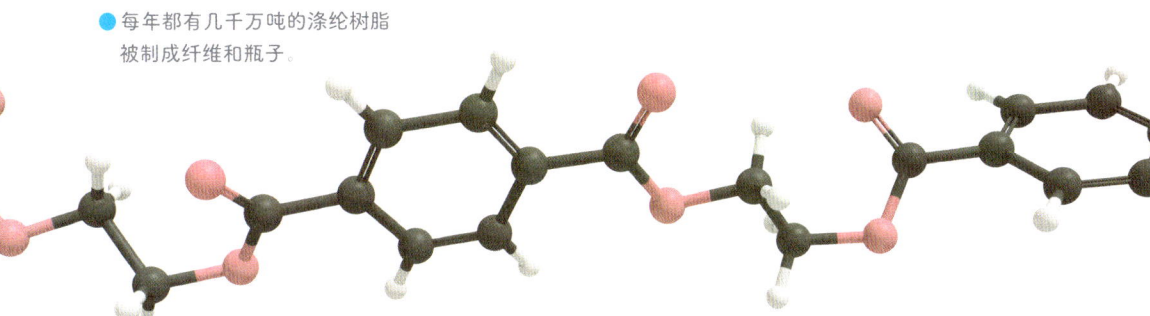

汽车

在荷兰，自行车的数量超过了人口数量。如果让我们选择一种最具代表性的交通工具，那就非自行车莫属了。荷兰人约有1/4的旅程都是用自行车完成的，不过将近一半的旅程却是用汽车完成的。

无论是汽车的生产还是汽车的行驶，都涉及一大堆化学物质。就拿汽车座椅里的填充物来说，它就含有某种塑料。不断优化这种塑料的分子结构能为座椅带来更多的舒适感——屁股底下很柔软，形状却很牢固；不会汗流浃背，又能有效传导热量加热座椅。制造汽车的材料变得愈发坚固（因此也就愈发安全），与此同时还愈发轻巧（因此也就愈发高效）。发动机越来越经济实用，因此，等量的汽油能行驶的路程变长了。说到底，就连发动机的燃油过程也是一系列将燃料转化为动力的化学过程。你喜欢开燃油汽车还是电动汽车？你最喜欢哪种颜色的汽车？就连在回答这些问题时，我们都离不开化学。在这一章里，让我们一起来看几种对汽车来说十分重要而又有趣的分子和化学反应。

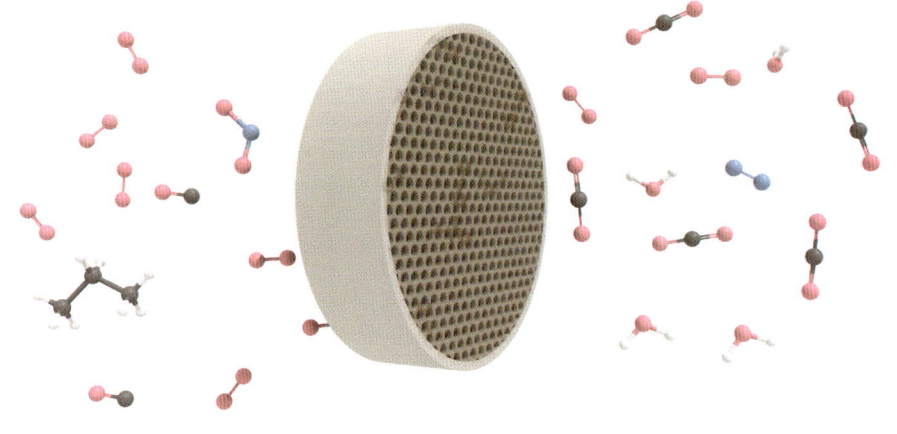

● 催化剂把汽车尾气里的有害物质转化成危害性更小的混合物。

催化剂

分子界的圣哥达隧道 *

　　汽车发动机烧的是汽油，产生的是各种各样的气体。其中，最主要的有氮气（N_2）、水蒸气（H_2O）和二氧化碳（CO_2）。CO_2是一种温室气体，但更紧迫的健康危害是由同时释放的少量一氧化碳（CO）、烃（部分燃烧的燃料）、一氧化氮（NO）和二氧化氮（NO_2）造成的。CO和烃是有毒物质，而NO和NO_2（合在一起也被称为NO_x）则会造成雾霾和酸雨。出于对大众安全的考虑，这些气体必须在离开汽车之前转化成其他物质。当然，这个过程不会自然而然地发生。

　　催化剂是分子界的圣哥达隧道。要是没有这条隧道，那么我们历尽千辛万苦才能翻越高山。说不定，你嫌麻烦，无奈地决定自己也不是非去一趟意大利不可。穿越隧道的时候，旅程简直不值一提。至于驶向隧道那头的车究竟是10辆还是1 000辆，也无关紧要，反正它们全都会一一穿越同一条隧道。对于分子来说，有些反应就像是翻越一座高耸的山川：理论上过得去，但实际上会因为太麻烦，望而却步。

---

* 圣哥达隧道是世界著名隧道之一，跨越阿尔卑斯山，连接瑞士和意大利。——编者注

如果加入一剂催化剂，那么，化学反应就会瞬间变得易如反掌。催化剂就像隧道，它本身不会受到破坏。可是，它却能帮助一个又一个分子进行反应。因此，我们所需要的催化剂剂量也很少。汽车的排气管里有一个所谓的三元催化器。有害气体在铂、钯、铑这类惰性金属的催化下，发生反应。通过反应，有害气体转化成H_2O、O_2、N_2和CO_2。这样，高速公路周边和大城市里的空气质量才能有所好转。如今，我们所期待的当然就是四元催化器的诞生，等着它进一步把CO_2分解掉。

酸雨

汽车尾气在大气中形成酸性物质，然后溶解在云层里，最终落到地面形成酸雨。酸雨曾经是非常严重的环境问题。酸雨比正常的雨水酸性更强，这对于植物、动物甚至某些特殊的石头来说是灭顶之灾。由于有严格的规定，灾害得到了有效的控制。时至今日，酸雨已不是一个大问题。

涂料

怎么才能看见不存在的东西

从实用角度而言，彩色涂料没有任何益处。车漆能防止生锈，从而起到对汽车的保护作用。可是，如果我们给所有汽车都涂上一层无色的油漆，汽车的性能也完全不会因此而减弱。只不过，我们在停车场寻找汽车的时候可就费劲了。使用涂料主要是出于对审美的考虑，然而，尽管实用性不高，可我们显然还是离不开色彩的。已知最古老的洞穴壁画是35 000年前画就的，那是在遥远的狩猎采集时代。

颜料或色素的分子性能决定了涂料的颜色。白光是光谱中所有可见光的混合。所有色素吸收了大部分同样颜色的光，反射出一小部分。以绿色的色素为例，它就只反射绿色的光。色素通常都是有机分子。仅仅含有单键的分子是没有颜色的，可是，含有多个双键的分子却能吸收可见光。我们可以通过改变分子的结构从而制作出任何一种颜色。另外，分子还可以跟金属离子复合，可吸收一定波长的光，从而产生不同的颜色。

氢气

全力奔向一个清洁的未来？

气候变化是21世纪最大的挑战。根据预测，在未来的一个世纪里，海平面会急剧上升，我们会面临各种各样的极端天气。与此同时，我们却还在持续地排放着温室气体，比如用汽车燃烧大量的汽油，排放出CO_2。想要叫停，真是说起来容易做起来难，毕竟，我们也别无他选。当下的经济十分依赖石油，我们无法大笔一挥将它排除在外。我们所需要的是一种新型的燃料。

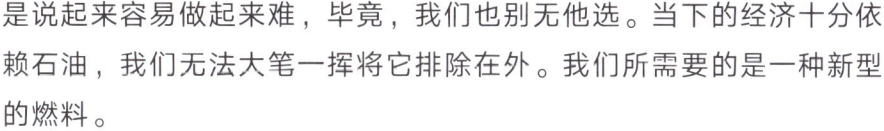

氢气是当下最完美的选项。它和氧气发生反应，形成水，在这个过程中释放出能量。如今，氢气已经被小范围地用作燃料投入使用。反正库存多得很：氢是宇宙中含量最丰富的元素。我们还可以用清洁能源将氢气从水里电解出来。这种无色的气体驱动着航天飞机，甚至还驱动了某些型号的商业汽车，这些汽车的行驶依靠氢燃料电池。除此之外，有些普通公共汽车也使用这种氢燃料电池。实际上，人们在电动汽车和氢能源汽车之间更倾向于选择电动汽车，毕竟，对于汽油发动机来说，它才是清洁能源之中最容易实现的替代品。因为氢气的使用并不方便。

氢气并不是那么轻而易举就能得到的。宇宙里的氢的确很多，可是，它们全都离我们很远。在地球上，想要得到氢，我们就不得不自

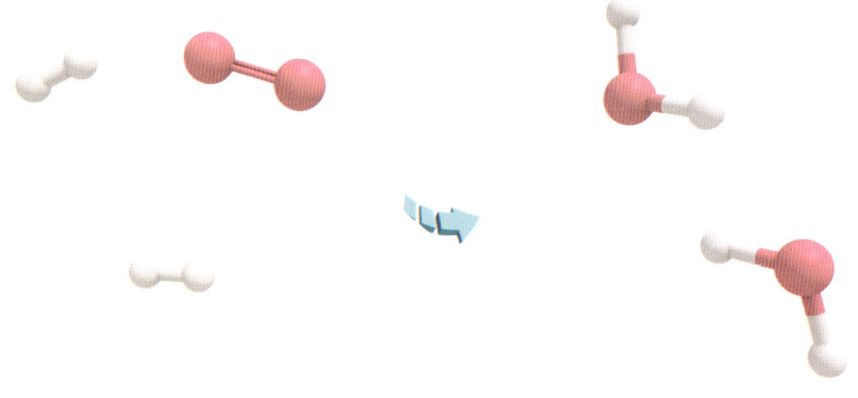

行生产，而生产的过程依然需要用到化石燃料。接着，我们还需要在极低的温度下将它转化成液体。因为氢会腐蚀金属，所以，它的运输和储存成了另一大难题。除此之外，还有安全问题。上网搜一搜1937年齐柏林公司的兴登堡号飞艇发生空难时的影像，它简直就是展示氢气可燃性的典型示范。

至此，我们依然存有一个疑问，那就是氢气到底会不会大范围地被用作燃料。与它相伴的是高昂的费用，不过，一旦我们的化石燃料消耗殆尽了，这个问题或许也就不足挂齿了。

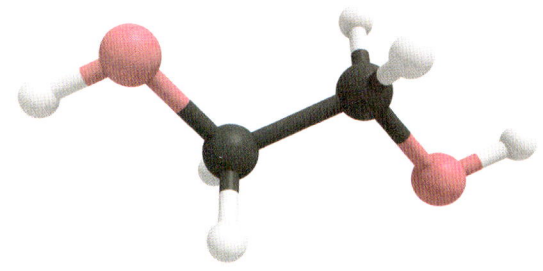

乙二醇

甜蜜的毒药不仅仅是糖

　　水是最理想的冷却液。在已知所有的液体之中，它有最高的比热容。这意味着它能在自身温度变化较小的前提下储存最多的热量。水很便宜，到处都是，因此，从理论上说，它是给汽车发动机降温的完美选项。只可惜，水一到0摄氏度就会结冰，荷兰的冬天不时就会达到这个温度。水一旦结冰就会失效，并由此给发动机造成损伤。

　　为了避免这种情况的发生，我们往水里加入了一种防冻剂。从前，我们常常选用乙二醇。以2∶3的比例混合水和乙二醇，溶液在-45摄氏度才会结冰。这样一来，冬天我们就能放心地开车前往冬季运动的胜地了。如今，我们不再那么频繁地使用乙二醇。这种物质有一定毒性，但算不上超强：对于成人来说，它的致命剂量在100毫升左右。我们应该不会一不留神喝下一整杯防冻剂吧？！只不过，乙二醇的味道是甜甜的。因此，如果家里有小孩，乙二醇就显得格外危险。

　　20世纪30年代，乙二醇的毒性在美国以十分惨痛的方式暴露出来。一名以为甜味液体都无害的化学家在其中溶入了磺胺，它是一种常用的抗菌药物。孩子们很喜欢这种覆盆子口味的"长生不老药"，最终，100多人为此丢掉了性命。

● 硫化反应的过程中，硫分子会形成聚异戊二烯链节之间和之内的二硫键。

橡胶

一种灵活使用的灵活分子

当克里斯托弗·哥伦布（Christopher Columbus）第二次远航来到美洲的时候，他看见当地居民在玩一种会弹的球。这种球是用乳胶做成的。乳胶是一种酷似牛奶的、黏乎乎的材料，可以从某些特定种类的植物和树木里获取。乳胶的主要成分是一种名称朗朗上口的物质——聚异戊二烯。印第安人或是通过加热，或是添加植物汁液，从乳胶中分离出聚合物。在接下来的一个世纪里，巴西的橡胶树不时被运往欧洲，但是并没有得到很好的利用。

一旦温度有所升高，这类乳胶就会发生变化，散发出恶臭，然而，一旦温度降到0摄氏度以下，它就会变得松脆易碎。这一切在19世纪中叶发生了改变。美国化学家查尔斯·固特异（Charles Goodyear）发明了硫化技术。通过将聚异戊二烯和硫（S_8）放在一起加热，就能在不同分子之间产生硫原子的二硫键。而有些双键会发生异构化反应（它们会反转）。因此，产物中有些是顺式的，有些是反式的。这种不规律性致使分子无法再规律地并排排列，这影响了橡胶的性能。

作为产物，硫化橡胶拥有了全新的性能。它很坚固，防水，有弹性，无论夏天还是冬天都能维持相同的性能。我们可以用橡胶制成汽车轮胎、雨靴、铺路材料、气球、管道、自行车座、衣服、减震器，还有其他许许多多的东西。如今，我们还有了合成橡胶，而橡胶树也早就不再是乳胶的唯一来源了。你甚至可以在家附近找到乳胶。找一朵蒲公英，把它的茎折断，茎里流出的白白的、黏黏的汁液也可以制造橡胶。

石油
汽车的润滑剂

从政治和经济角度来看，石油是地球上最重要的物质。地球深处存储着大量混合在一起的分子，它们几乎完全是由碳和氢构成的。这些储备历经几百年，由水藻、浮游生物和树木等有机物质残骸形成。这些分子中最小的（不超过4个碳原子）是气态的，其余的形成石油。

plastic（塑料）
diesel（柴油）
brandstof（燃料）

在石油的加工过程中，我们首先根据重量将分子进行分隔。分子越重，沸点越高。通过缓慢加热石油并单独收集蒸汽的做法，就能简易地对分子进行大致分离。这个过程被称为"分馏"。

液体中最轻的分子（至多含有12个碳原子）合在一起，组成了汽油。更重一点的分子被用于航空煤油和柴油。其中的一部分被我们分解成更小的片段——化学工业用它们作为构建新分子（主要是塑料）的基石。剩余下来的那些沉重、黏稠、黝黑的东西就叫沥青，它是柏油最主要的成分。因此，石油是汽车驾驶的核心：没有石油就没有燃料，没有石油就没有座椅、内饰、保险杠、安全带和安全气囊一类的塑料部件，没有石油就没有我们能在其上行驶的路。

安全气囊
拯救生命的爆炸物

叠氮化钠（NaN₃）是一种无色、无臭的晶体物质。700毫升剂量的叠氮化钠就足以致命，且没有任何已知的解药。它有很强的爆炸性，因此，工业上尽可能避免使用这种物质。事实上，如果不是其拥有一种非常好的特性，叠氮化钠就会是一种很不实用的分子。它的特性是遇到高温就会迅速分解成钠和氮气。

 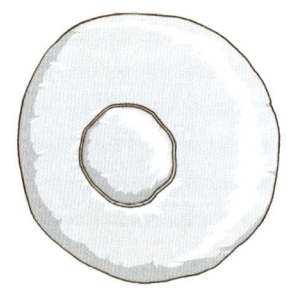 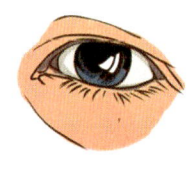

● 蜜蜂挥动翅膀：5毫秒　　● 发动安全气囊：40毫秒　　● 眨眼：130毫秒

出于这个原因，安全气囊里使用了叠氮化钠。发生碰撞时，汽车把电脉冲送入叠氮化钠晶体中。晶体在瞬间瓦解，安全气囊在40毫秒（1秒钟的40‰）的时间内充满氮气。作为这个反应中的另一种元素，钠就不像氮那么温和，它遇水就会爆炸。如果在雨天发生交通事故，这种特性可就不太妙了。因此，安全气囊里的叠氮化钠总是与硝酸钾和二氧化硅这两种物质混合在一起。这两种物质迅速与钠发生反应，产生一种无害的玻璃状物质。这么看来，作为一直被人们视作有毒、有爆炸性的分子，叠氮化钠做得其实还不赖。

昆虫

　　谁也不知道地球上究竟有多少昆虫。对昆虫恐惧症患者（害怕六条腿的动物的人）来说，这可真是个坏消息。据估计，平均每个人能分到两亿只或走或爬或飞的昆虫。这么说来，昆虫的数量大约等于用巴西或者巴基斯坦的人口总数与地球上的人口总数相乘。听到这样的数字，所有人都得起一身鸡皮疙瘩。这么多的昆虫分布在至少90万种已知的不同种类里。而我们尚未发现的种类所能达到的未知数量估计可以高达3 000万种。

　　既然世界上的昆虫有这么多的种类，那么，有些最稀奇古怪的动物出自昆虫王国也就不足为奇了。一部分爬虫甚至算得上是称职的化学家。它们用化学进行自我保护或者捕捉猎物。在这一章里，让我们一起来看昆虫王国里几种最异乎寻常的分子和化学反应。

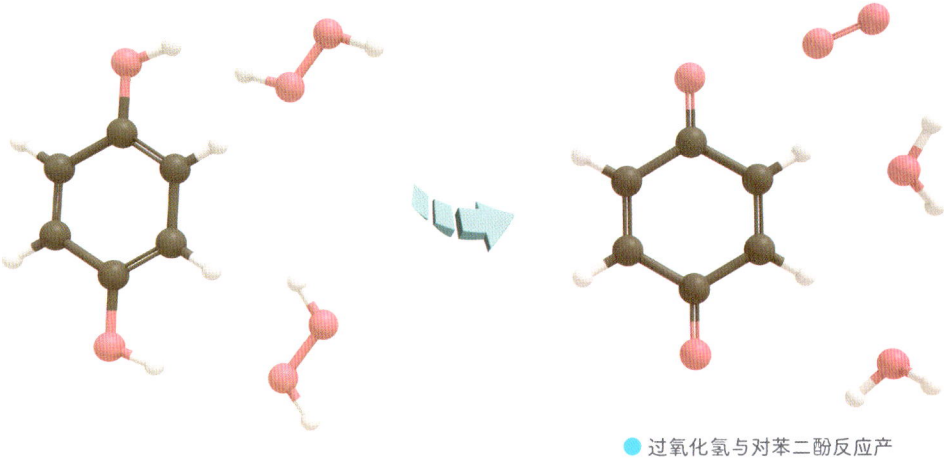

● 过氧化氢与对苯二酚反应产生对苯醌，并释放大量热量。

射炮步甲

会爆炸的昆虫

看了这本书，你很快就会了解，没有巨大牙齿或爪子的植物和动物总是在自我保护方面充满了创造力。当然了，山外有山，天外有天。毫无疑问，最强防御力的荣誉非射炮步甲莫属。中欧和南欧地区常常能见到它们的踪影。

射炮步甲的身体末端有两个各不相同的腺体。一个腺体里装着对苯二酚和过氧化氢的水溶液，另一个腺体里装着蛋白的混合物。当这种动物遭到袭击时，它就会把这两种混合物合在一起。蛋白加速过氧化氢和对苯二酚的反应，以此形成水、氧和有毒物质对苯醌。这个反应释放了大量的热，使液体的温度被加热到了100摄氏度。滚烫、有毒的液体通过小型爆炸的方式，以每秒钟10米的速度被喷射出去，覆盖几厘米的射程。

它的名字令人浮想联翩，可事实上，射炮步甲的身长只有1厘米左右。想要正确评估它的能耐，你就得设身处地地想象自己在不到1秒钟的时间里挤出恶心的液体，喷射出好几米的距离，还丝毫不伤及自身。

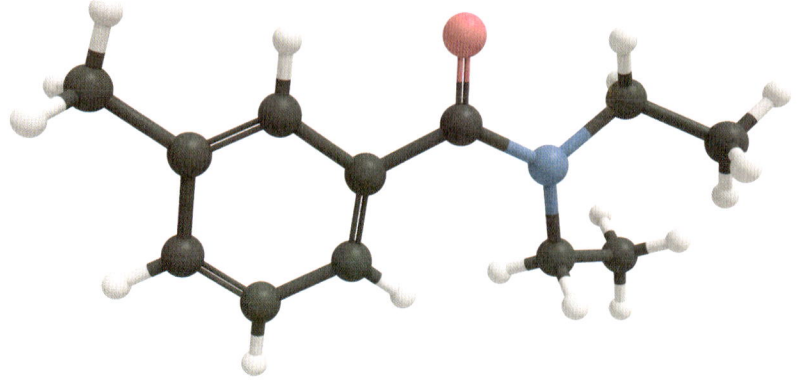

● 避蚊胺能吓跑蚊子和蜱虫。

避蚊胺

以恶制恶

昆虫的叮咬会给人们带来致命的危险，它们能传播诸如疟疾、莱姆病和西尼罗热一类的疾病，就算是在最理想的状态下也麻烦至极。我们的祖先对它们万分厌恶，于是尝试用浓烟、植物油和焦油驱赶蚊子以及其他虫子，只可惜，往往都以失败告终。柠檬香精油是从柠檬草里提取出来的，是抵御昆虫最好的植物药剂。它的气味也很好闻，遗憾的是，它的效用远远不如合成产品。

避蚊胺（N,N-二乙基间甲苯甲酰胺）是由美国军队创制的，对付蚊子、蜱虫和其他节肢动物十分有效。这种东西闻起来简直令人作呕，不过，好消息就是昆虫也是这么觉得的。蚊子和其他昆虫能发现我们皮肤产生的乳酸，从而轻而易举地找到它们的猎物。避蚊胺能把乳酸伪装起来，还有研究证明，它甚至能用刺鼻的气味把这些动物吓跑。

草地贪夜蛾

聪明的化学工程师

草地贪夜蛾的拉丁语学名是 *Spodoptera frugiperda*。这个名字的后半部分来源于拉丁语里的"水果"（frux）和"失败"（perdere）这两个词。一支庞大的军队能把肉眼所见的食物全都扫荡一空，草地贪夜蛾和他们一样，能在最短的时间内把一大片土地上的食物吃个精光。

草地贪夜蛾尤其喜欢吃玉米，不过，玉米对它们也并非束手无策。它会分泌出苯并噁唑嗪酮化合物，这是一种活性分子，对草地贪夜蛾和其他食草动物而言具有毒性。在玉米作物中，这种物质与糖分子结合，因此，它们处于灭活状态。然而，作物一旦遭到袭击，苯并噁唑嗪酮化合物就会被激活。一种特殊的蛋白质会切断糖分子，让毒素充分展示它的特性。与其他虫子不同的是，草地贪夜蛾并没有受到什么干扰。它自身会分泌出另一种蛋白质，让苯并噁唑嗪酮化合物重新与糖分子结合。只不过，这套绑定的程序恰好是镜像发生的。因此，新的化合物与原先的化合物略有不同，致使植物里的蛋白质无法再次切断链接。这样一来，草地贪夜蛾就能泰然自若地继续毁灭作物了。

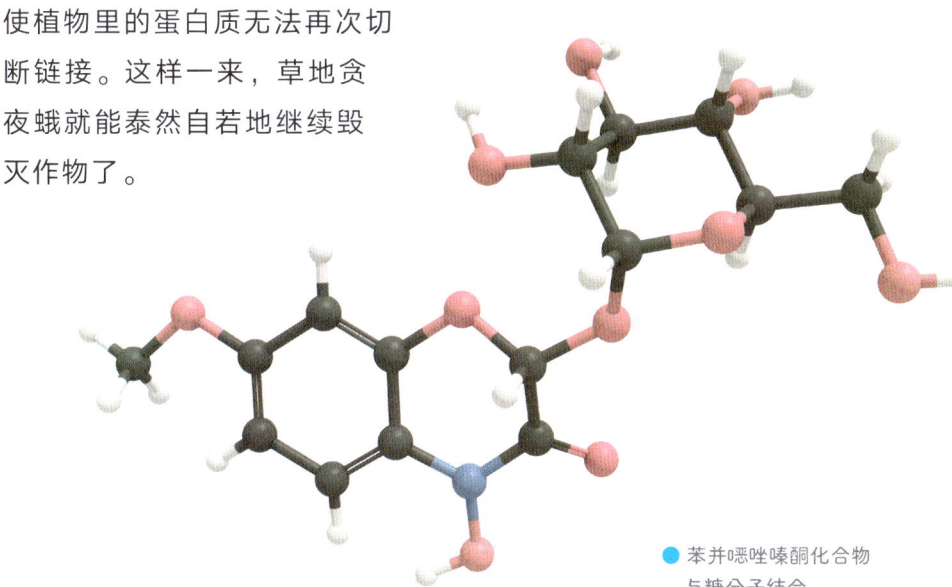

● 苯并噁唑嗪酮化合物
　与糖分子结合。

49

蚁酸

蚂蚁会成为未来燃料的缔造者吗?

1670年,英国植物学家约翰·雷(John Ray)惊异地发现,蚂蚁能生产出一种闻起来酸酸的液体。他给全世界第一份科学期刊《哲学汇刊》写了一封信,并在信里详述了他下一步的研究调查。你一定要读一读他的题为《关于发现蚂蚁体内酸性汁液的不寻常的观察和实验》的信(说真的!),这篇文章为我们揭开了科学界350年前的神秘面纱。

显而易见,雷先生是一位极富创造力和发明才能的科学家,也是懂得从昆虫身上提取纯天然物质的第一人。他的研究结论最不同寻常之处就在于得出蚂蚁的蒸馏物是酸性的。这是一个惊喜,要知道,他之前所蒸馏过的其他种类的动物("我们蒸馏了很多,包括兽类、鱼和昆虫")都是"尿质"的,或者说都类似于尿。实际上,这通常就是碱性,与酸性相反。

蚁酸是一种较强的酸。蚂蚁用它来防御天敌,甚至还用它中和敌人所释放的毒素。蚁酸有不少用途,可是,人们最感兴趣的要数碳中和的燃料或者化学构件。其实,蚁酸也可以用二氧化碳制造得到。我们还可以用蚁酸释放出氢气,以便汽车可以用这种燃料电池上路行驶。

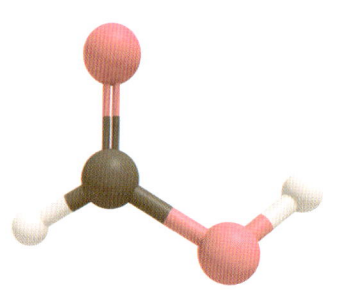

● 蚁酸是最简单的羧酸。

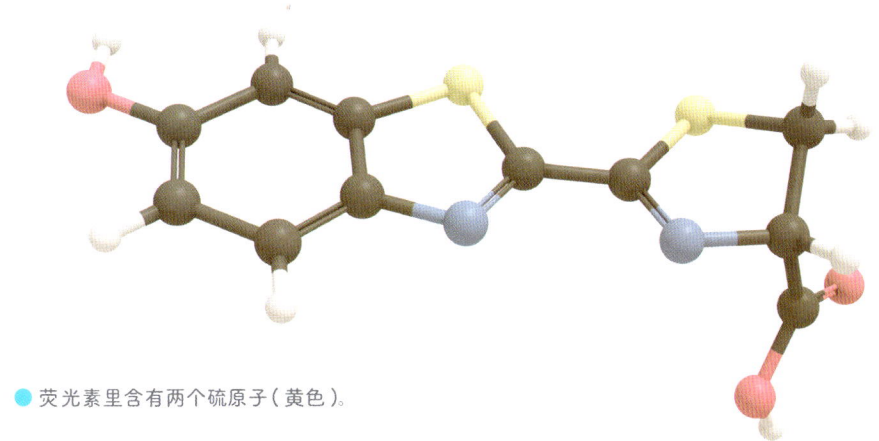

● 荧光素里含有两个硫原子（黄色）。

荧光素

昆虫版的烛光晚餐

一说到繁殖，动物们就会展现出无穷无尽的创造力。就拿冠海豹（一种海豹）来说吧，它们会在脑袋上吹出一个巨大的粉红泡泡，用来吸引雌性。雌雄同体的扁形动物通过引人注目的"阴茎击剑"决定两只虫之间谁来受孕。昆虫常常分泌信息素，以此吸引雌性。可是，打情骂俏中的萤火虫却经常通过发光表达自己的喜好。在夏日夜晚的露营地里常见到萤火虫发出的一闪一闪的光芒。萤火虫和其他生物体的这种发光行为被我们称为"生物发光"。尽管名字这么叫，但它实质上是一种化学过程。

有些反应进行得十分剧烈，从而产生能量。通常，这些能量会以热量的形式释放出来，不过，光也是能源的其中一种形式。萤火虫制造出荧光素的分子。这种分子会在镁和荧光素酶这种蛋白质的帮助下与氧发生反应。从浪漫角度而言，人类也不用在萤火虫面前感到自卑。我们也会发光，只不过我们的光芒强度是肉眼能见到的光的1/1 000。至于人类在打情骂俏时，光的强度会不会增加，我们还没研究过。

家蝇性诱剂

无从抗拒的性分子

对人类来说，爱和性是错综复杂的课题。许多动物比我们务实多了。信息素是生物体分泌出来，用来向同类传递信号的物质。这种信号也许是指路，就像排成长队在森林里探路的蚂蚁。但是，这种物质还可以用来发出警报或者吸引某个异性。通常情况下，不同物种的信息素都是其特有的：血气方刚的苍蝇当然不愿意招来蛇的注意。这个特性在现代害虫防治中得到了有效的应用。

家蝇性诱剂是雌性家蝇所分泌出来的性信息素。我们通过在捕蝇纸上加家蝇性诱剂的做法，用捕蝇纸招来雄性苍蝇，它们被粘在纸上，最后死掉。蜜蜂也能分泌信息素。每当蜜蜂发现一个盛产花蜜的地方，它们就会回到蜂窝里。它们通过复杂的飞行模式（蜜蜂舞）向其他蜜蜂说明蜜源的具体位置。在这个过程中，它们会分泌出家蝇性诱剂，增强蜂窝里蜜蜂的活动性。专业文献中没有提到蜂窝外面有没有聚集起一大群花枝乱颤的雄蝇。

不同物种使用相同的信息素的情况实属偶然，不过，并不是每一次都是偶然。哈氏乳突蛛作为某个种类的蜘蛛，却会分泌出某类飞蛾的性信息素。想要偶遇一只美丽的雌蛾的雄蛾一不小心就会踏入陷阱里。

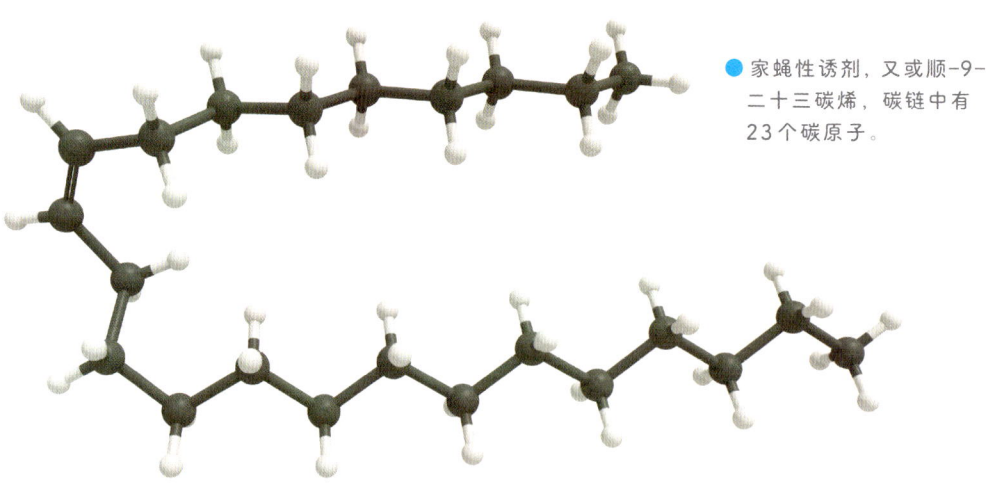

● 家蝇性诱剂，又或顺-9-二十三碳烯，碳链中有23个碳原子。

烃

有"脚臭"的熊蜂

熊蜂是辛勤的劳动者。它们别无他选——蜂后每天都需要造访6 000朵花，只有这样才能采集足够的花蜜，用来产卵。当然了，这些花里都得有花蜜才行。如果一只熊蜂刚把某朵花里的花蜜吸了个精光，那么其他熊蜂再降落到这朵花上的行为就只会浪费时间和精力。因此，熊蜂们想出了一个绝妙的办法。熊蜂的身上，包括腿上，全都布满了一种烃的合成物。通常来说，这是长度在21~29个碳原子之间的分子。每当熊蜂降落到某朵花上采蜜的时候，它的腿就会留下一丁点"熊蜂汗"。下一只路过的熊蜂闻见这股气味就径直飞走了。这股气味会随着时间的流逝逐渐消散，与此同时，花里又渐渐充盈了花蜜。等这股气味完全消散了，就又会有一只路过的熊蜂停下采蜜，并重复之前的过程。更有甚者，熊蜂们还学会了把这个办法和花朵产蜜的速度相结合。如果某个种类的花产蜜速度很快，那么熊蜂们便会知道，用不着等到"汗脚味"彻底消散，待到花里又满是花蜜的时候，第一批熊蜂就从天而降了。

证实这一机制的英国研究人员自然不可能直接询问熊蜂它们是怎么知道应该绕开哪几朵花的。（反正，就算问了也得不到答案。）你要是以为科学家都是整天埋头苦读着布满尘埃的旧书的人，那么，你还真有必要了解一下，在上面所说的这种情况下，研究人员还会花费时间给熊蜂"洗脚"。

光

　　在化学反应中，一种分子会转变成另一种分子。这个过程有可能释放能量（例如汽油的燃烧）或者吸收能量（例如在电的协助下从水中提取氢）。大多数吸收能量的反应是我们在实验室里通过加热物质而完成的，但是，大自然却有更好的办法。地球从早到晚都经受着来自一个巨大的、几乎无穷无尽的能量源头的轰炸，这个能量源头就是太阳。短短几小时的时间里，抵达地球的太阳能就足以覆盖我们整整一年所消耗的能量总和。假如某种分子吸收了光，那么它也许就会发生反应。在这一章里，你将看到一系列有趣的光化学反应。

维生素D

阳光是怎么产生分子的

维生素D与食物中钙的吸收密不可分，在生成坚固的骨头和牙齿方面，它也功不可没。当日照时间缩短，时光再次来到9月到次年的4月之间，维生素片（更久以前，一度是鱼肝油）便被人们重新摆到了桌面上，毕竟"维生素D是从太阳里来的"。太阳是一颗滚烫的火球，主要由氦原子和氢原子组成。它绝不可能做到穿越太空，把维生素D这类复杂的有机分子送到我们体内。那么这到底是怎么一回事呢？

阳光中含有一部分紫外线。它能渗透到皮肤以下几毫米的地方。进入人体内的紫外线会与胆固醇发生反应。在这个过程中，这种分子的结构会发生变化，变为维生素D。为了达到足够的分量，食品健康中心建议在11点至17点之间把头和手直接暴露在阳光下15分钟以上。这听起来一点儿也不多，但在冬季要做到却并不容易。于是，便有了额外添加维生素D的人造黄油和烘焙产品。不过，透过窗户晒太阳一点儿用也没有，因为玻璃过滤了阳光中可以产生反应的那部分紫外线。

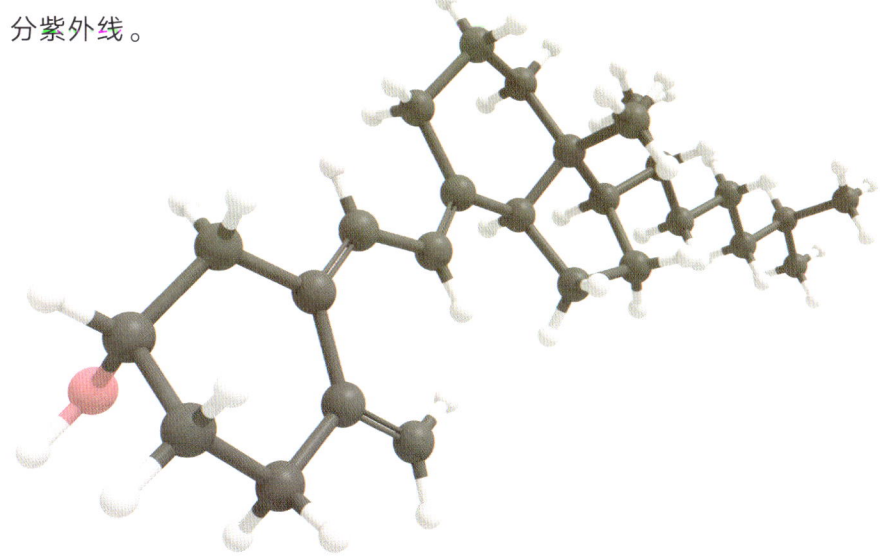

● 维生素D_3同样存在于用动物做成的餐食中。

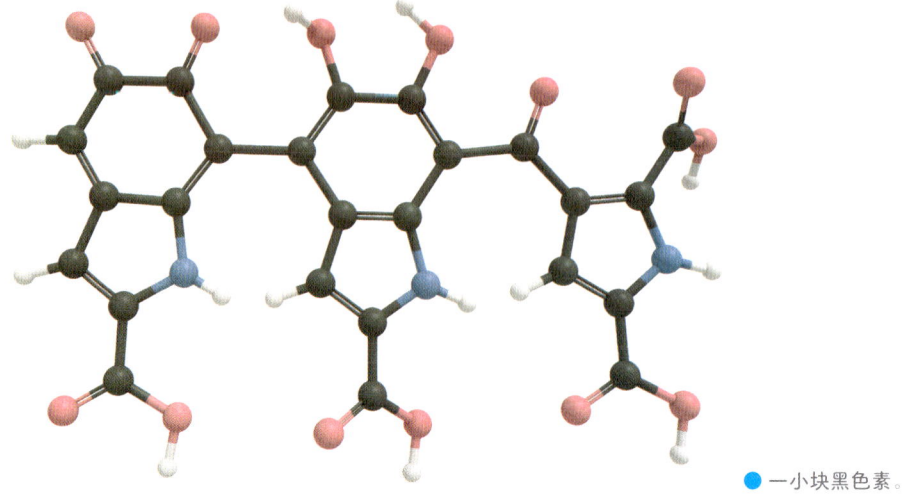

● 一小块黑色素。

黑色素

肤色的化学

　　紫外线是一种比肉眼可见的光的波长略短一些的光。紫外线进入人体后，有可能引发DNA的突变，从而导致皮肤癌。猿猴身体上的大部分地方都覆盖着毛发，这样一来，它们的皮肤也就避免了受到紫外线的损害。从猿猴到人的进化是在非洲发生的，那里的阳光很强烈。自然选择的一个典型实例就是全身毛发的消退伴随着皮肤颜色的变化。深色的皮肤包含的黑色素更多，黑色素是能吸收阳光的深色的分子。这样一来，光就不会对皮肤造成更大的损害了。

　　当早期人类向北迁徙时，深色的皮肤成了一种劣势。因为在欧洲强度较低的阳光下，人体产生的维生素D减少了。由此，这群人的肤色最终也变浅了。时至今日，远离赤道居住的深色皮肤的人缺少维生素D的风险依然很高。上图所示的结构是真黑素（黑色素的一种）的一部分，正是这种色素将黑色赋予了深色皮肤。其他形态的黑色素决定了头发和眼睛等部位的颜色。对于眼睛来说，黑色素越多，应对紫外线的保护能力就越强。从另一方面来说，肤色偏浅的人得皮肤癌的概率也更大。

臭氧

抵御宇宙轰炸的薄如蝉翼的盔甲

光是能源的一种形式。阳光推进了地球上生命演化的进程，但是，这种能源也可以渗透我们的皮肤，引发癌症。幸好，紫外线作为阳光中最危险的成分，大多数根本就到不了地球。大约98%的紫外线都被臭氧层挡住了。

臭氧层是大气层的一部分，存在于距离地表10千米以外的高空中，其中的氧气（O_2）和臭氧（O_3）达到了自然的平衡。氧气吸收阳光，并分解成两个独立的氧原子。当一个独立原子遇到另一个氧分子时，它们就会结合成臭氧。每当臭氧分子吸收了光，它就会再次分解成一个氧原子和一个氧分子。尽管臭氧不断遭到分解，可是，空气的浓度通常还是能保持平衡。当臭氧通过各种方式消失时，比如，臭氧与氯氟烃发生反应就可使臭氧消失，空气中氧气和臭氧浓度的这种平衡情况就会发生变化。

从20世纪70年代开始，大气层里的臭氧浓度大幅减少。达到了肉眼可见的程度。这是氯氟烃普及的后果。要知道，冷却系统和喷雾器都会用到氯氟烃。美国国家航空航天局的模拟实验显示，如果我们再不采取措施，那么，到了2065年，臭氧层就会缩减2/3。到时候，照射到地球的紫外线会增加5.5倍。渐渐地，漫步沙滩的享受会变成冒着生命危险的征程。

1989年，《蒙特利尔议定书》生效。它严格限定了对损害臭氧层的物质的排放。如今，臭氧层已经开启了自我修复，只不过，氯氟烃还需要几十年的时间才能彻底从大气层里消失。

能形成臭氧的不仅有阳光，还有其他形式的能源，其中之一就是闪电所带来的电。你问倾盆大雨过后那股独一无二的气味是什么？那就是臭氧的味道。

视黄醛

北极熊肝脏带来的危险

当探险家威廉·巴伦支（Willem Barentsz）在新地岛越冬时，他和他的船员们一同杀死了一头北极熊。吃完了北极熊的肝脏后，所有人都病入膏肓。这是怎么一回事呢？原因就在于维生素A。

维生素是我们自身无法产生，却又不可或缺的物质。维生素A是一系列与视觉过程相关的分子的统称。射到眼睛里的光与这类维生素中的一种——视黄醛发生反应。在这个反应过程中，视黄醛的结构发生了改变。这个反应会引发一系列过程，最终将光信号转化成大脑里的图像。因此，缺少维生素A可能导致失明。不过，维生素A过量同样很不健康。

我们可以摄入两种形态的维生素A。视黄醛以及其他和它相似的分子（类视黄醇）可以直接从动物制品中获取。我们还可以从蔬菜和水果中获取类胡萝卜素，再由身体将它转化成视黄醛。如果摄入的类胡萝卜素太多了，身体就不再进行转化（取而代之的是我们会短暂地"面露橙色"）。可是，过量的类视黄醇会被人体存储在肝脏里。北极熊从其吞进肚子里的小动物的肝脏中获取大量的维生素A。假如未来的某一天，你被困在了北极地区，抓到了一头北极熊后，那可千万别吃它的肝脏。

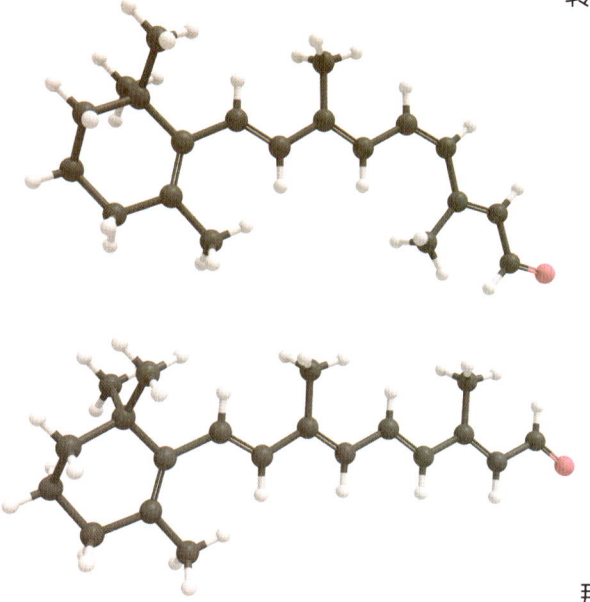

● 视黄醛的两种形态。它们的区别在于链上的一个双键。

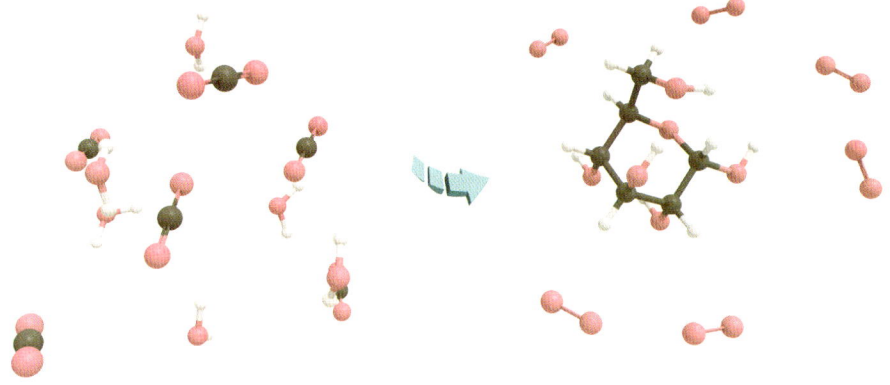

●水和二氧化碳（左）在光合作用下转化成糖和氧气（右）。

光合作用

世界上最重要的反应

热带雨林也被视为"地球之肺"。这个比喻在某种程度上满足了我们的想象力，却又带着几分诗意的自由发挥，毕竟，树木所做的事情恰恰与肺相反。大气层的21%都是由氧气组成的。每当我们吸进一口气，血液就会把O_2输送到身体各处。等到了细胞里，O_2就会和糖或者脂肪等人体燃料一同转化成热量、水和CO_2。热量成了我们身体的驱动力，而CO_2则通过肺被呼了出去。

如果人类和动物是这个世界上唯一有生命的物种，那么大气层里的氧气储备早就消耗殆尽了。幸亏我们还有植物、藻类以及某些种类的细菌。这些生物体吸收了来自大气层的CO_2和水。在光的作用下，它们把这些原料转化为O_2和碳水化合物——我们赖以呼吸的O_2和赖以果腹的碳水化合物。这么看来，光合作用是我们没有集体窒息而亡的原因。除此之外，它还为我们提供了身体的燃料。我们吃进肚子里的一切食物归根到底都来自植物：它们要么直接被我们吃进肚子，要么被牛吃了，变作牛奶和肉。

光合作用是世界上最理想的反应：它把温室效应变成了人体燃料。因此，科学界一直在努力开拓类似于光合作用的反应。未来，人造叶片有没有可能解决能源问题，并以此应对气候变化呢？

口红

　　口红或许没什么实际用途，可是，我们从骨子里就爱美。口红的使用也许可以一直追溯到几千年前。在古埃及，它是身份的象征——埃及艳后就很喜欢把嘴唇涂得猩红！碾碎的宝石、昆虫和植物无一不被用作染红嘴唇的原料。如今，我们所熟知的装在旋转管里的口红诞生于大约100年前。

　　早期的口红主要是由蜂蜡、橄榄油和色素制成的。它们易损坏、易融化、易发臭。如今，这些问题已经不复存在，毕竟，如今的口红里含有几十种有利于长期保存和使用的原料。可是，它到底包含了哪些东西呢？我们这就来说说制作口红常用的几种原料。

胭脂虫红

埃尔南·科尔特斯（Hernando Cortes）压扁的虫子

胭脂虫红是一种红色的色素，它常常被应用在化妆品和食品领域。它的基本物质胭脂红酸是从胭脂虫里提取出来的。几千年来，这种颜料一直被当作色素使用。当西班牙舰队在埃尔南·科尔特斯的率领下来到墨西哥时，他们大吃一惊。他们发现，阿兹特克人所使用的红色比欧洲的色彩更深、更鲜艳。他们种植了大量的梨果仙人掌（胭脂虫寄生的仙人掌），并将这种染料运回欧洲。西班牙人对制作工艺守口如瓶（提示：虫子本身无法存活下来）。由于这种颜色十分抢手，他们因此发了大财。

正如骨螺紫和群青一样，胭脂虫红也是富人的专属。这种颜料尤其流行于服装界和油画界。以维米尔*为例，他在画作《情书》中就用到了这种颜料。它的缺点在于，如果受到阳光的直晒，颜色就会渐渐褪去。随着更好的色素的涌现，胭脂虫红逐渐淡出了油画的历史舞台，不过，我们还是可以在很多食用色素和化妆品里见到它的踪迹，要知道，无论是用于体表还是体内，它都十分安全。想要制造出1千克胭脂红酸，需要耗费至少100 000只胭脂虫。1991年，化学家们首次合成出了胭脂红酸，只不过，这种不伤害动物的方法更加昂贵。因此，碾碎的胭脂虫依然是口红里的红色的来源。

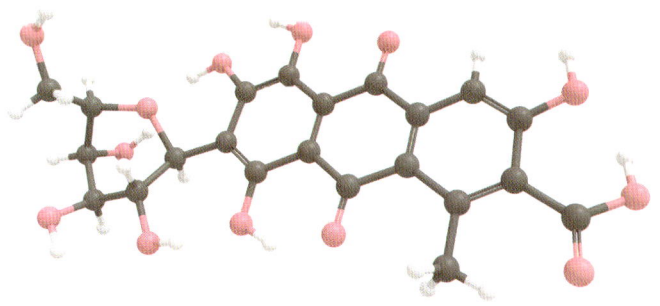

● 有时候，胭脂红酸也会被用在粉红色点心上的翻糖里。

---

* 荷兰画家，代表作有《戴珍珠耳环的少女》。——编者注

辣椒素

辣椒带来的饱满而丰厚的嘴唇

辣椒素是一种来自红辣椒的物质，它的作用是带来辛辣的口感。当这种物质接触到你嘴里的黏膜，或者以很高的浓度接触到你的皮肤时，它就会带来火辣辣的感觉。这是身体的小把戏：吃过辛辣的东西，嘴里的温度并没有升高。喝凉水没有什么实际作用，辣椒素与水不相溶，却能溶于脂肪或酒精。所以，喝上一杯牛奶或者一小杯伏特加倒是能有点用。辣椒素一旦沾上就不容易洗掉，它也不易挥发，用来制造辣椒喷雾剂，这倒是再好不过了。喷雾剂里的辣椒素浓度比超市里买来的灯笼椒高出成百上千倍。如果喷到脸上，那可有得受了。那种感觉切切实实就像脸在熊熊燃烧。

如果你想尝一顿火辣辣的美味，那么，你就会令世界某个角落里一株想要繁衍生息的辣椒伤心不已。辣椒之所以很辣，是为了让连同人类在内的哺乳动物对其果实敬而远之，也无法用我们笨拙的牙齿把它的种子磨碎。鸟感觉不到辣味，这对植物来说倒是一件好事：当小鸟把辣椒吃进肚子之后，种子能保持完整，这么一来，种子便能混入小鸟的粪便里，被带向各个角落。

令人惊讶的是，生产止痛软膏的工厂也会用到低浓度的辣椒素。这样灼热的物质会在短时间内带来过度的刺痛感，不过，随之而来的则是一段时间的麻木。这么看来，辣椒素并不怎么适合作为口红的成分。那么，口红里为什么还会出现它的身影呢？原因就在于它会对嘴唇起到一定程度的刺激作用，嘴唇从而显得略微肿胀，看起来愈发饱满。

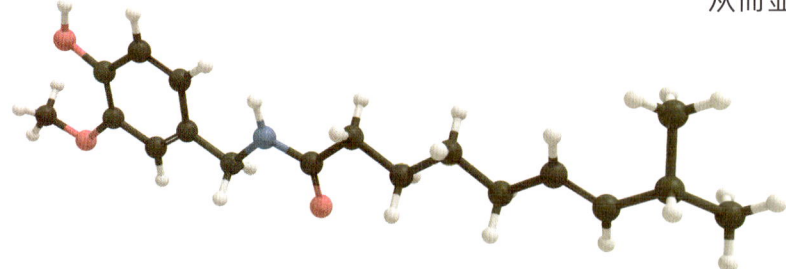

● 辣椒素很辛辣，可是，它的结构与香草醛相似。

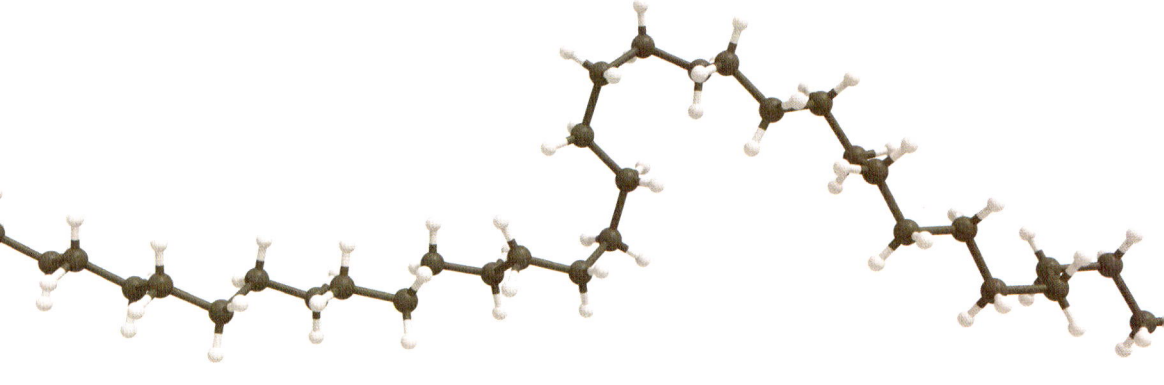

聚乙烯

海洋塑料污染的主要来源

聚乙烯（PE）是所有聚合物中结构最简单的，成分除了碳就是氢，别无其他。我们在日常生活中，每一天都会与PE发生成百上千次接触，尤其是包装袋。这种塑料的特性取决于链的长度以及分支的数量。无论是柔软、有弹性的面包包装袋还是坚硬的洗发水瓶子，都是由它制成的。

在化妆品里，PE无处不在。它发挥了各种各样的功效。举例来说，是它让口红有了形态，并防止水油分离。我们还能在磨砂膏和润肤乳里见到极小的PE颗粒。这些小小的颗粒可以摩擦和提亮皮肤。

自20世纪50年代起，PE工业以盛大的规模投入生产。尽管我们发明出了更先进的塑料，可PE仍然是使用得最多的塑料。毕竟，它价钱便宜，而且用途广泛。由于PE的合成原料是石油，且生物降解的程度非常有限，因此，PE的大量消耗带来了巨大的环境问题。海面上漂浮的垃圾随波浮沉，被大量冲上沙滩。这其中的很大一部分都是聚乙烯。多年来，化学家们一直忙着发明一种可持续的产品代替它，可是，至今为止所发明的物品不是太贵了就是功效不如PE。对于分子设计师来说，这是一项重大的挑战。他们要做的不仅是制造出可循环利用的面包包装塑料袋，还有用来制作口红的可生物降解塑料。

微塑料

微塑料是直径小于0.5厘米的塑料颗粒。只是，它们太小了，很多时候，它们就像磨砂膏里的PE颗粒一样，无法靠肉眼辨别。许多产品里都有它们的身影，比如油漆，不过，它的很大一部分都来自废料。它们的个头很小，我们每天都会在不经意间把成千上万的微塑料冲进水槽。时至今日，大量的微塑料都注入了海洋。我们在吃鱼、吃贝类的时候，又把它们吃进了自己的肚子。这会有害吗？其实，对此我们还不是十分清楚，但我们已经知道的就是人类已经往海洋里排放了太多太多塑料，是时候与微塑料做一个了断了。

蓖麻油

嘴唇和肠道的润滑剂

蓖麻油是一种天然的油，是从一种热带植物——蓖麻里提炼出来的。右图是三蓖麻精的分子结构。它是蓖麻油的主要成分。口红主要是由油和蜡混合而成的。当它们配比正确时，口红的形态就可以在容器里保存不变，同时，又能轻松涂抹。因为蓖麻油在涂抹后会变干，成为薄薄的、闪闪发光的保护层，所以，我们很喜欢蓖麻油，也常常使用它。

蓖麻油的使用可以追溯到几千年前。在不同的文明中，甚至离我们不远的20世纪，医生们一直将它视作一种灵丹妙药。无论是诊治脱发、头痛、痔疮、感冒，还是其他许许多多轻微的不适症状，他们都会开蓖麻油。除此之外，20世纪初期，蓖麻油还被用作飞机的润滑油。这种做法的唯一缺点就是飞行员不断吸入蓖麻油的蒸发物，从而导致严重腹泻。

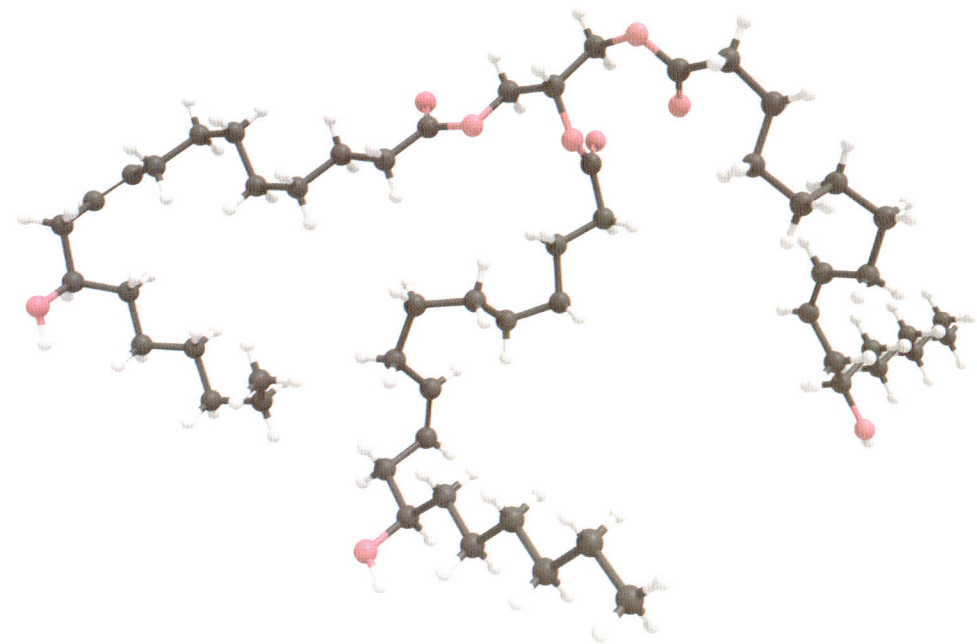
●三蓖麻精，即蓖麻油酸的甘油三酯。

　　在20世纪30年代，蓖麻油的通便特性也被意大利法西斯分子用作拷问手段。受害者被迫饮用大量蓖麻油，导致他们数日重病缠身。饮用较少量的蓖麻油也是一种常被使用的惩罚方式，部分原因是它的味道特别难闻。在美国，喝一杯蓖麻油有时是监禁或罚款的替代选择。

苯胺紫
涂料产业的诞生

　　19世纪中叶，青少年参与劳作的比例比当代高出不少。人们往往小学一毕业就不再读书了。

　　当18岁的威廉·帕金（William Perkin）以助理研究员的身份供职于伦敦的皇家化学学院时，他的成绩十分优异。在这里，他被指派

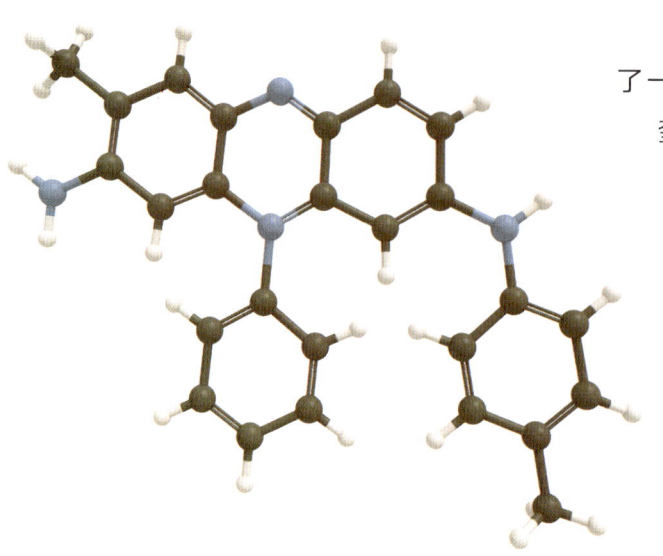
● 苯胺紫，最早成功制成的合成染料之一。

了一项任务：利用煤焦油合成奎宁。假如早在那一刻，帕金就已经知晓，直到100年之后，奎宁才首次在一系列反应的帮助下被合成出来，而这些反应在1856年还完全未知，那么他或许就不会在这件事上浪费时间了。幸好，那时候的他连奎宁复杂的结构长什么模样都不知道，于是，他动手开展这项任务。他用到了一种氢、碳、氮原子含量与奎宁几乎一模一样的分子，试图通过氧化反应加入其中所缺失的氧原子。只可惜，帕金的着手点距合成奎宁还差十万八千里，他的实验注定要以失败告终。

在一次实验中，帕金提炼出了一种黑色的材料。这种情形对有机化学家来说并不少见。当他清洁烧瓶时，他留意到，把这坨漆黑的渣滓放入乙醇中，就会形成一种亮紫色的溶液。他在不经意间制作出了苯胺紫。这是全世界第一种人工合成的紫色染料。苯胺紫与许多天然色素相反，它能稳定地附着在纺织品上，而且不会随着时间的流逝而褪色。另外，煤焦油的价格十分低廉。那时候，最好的紫色染料是从骨螺科贝类中提取出来的骨螺紫。成千上万个贝壳才能染就一件衣物，因此，人们很需要一种更廉价的替代品。帕金开创了染料贸易，利润丰厚。与此同时，他依旧潜心于化学研究。他的发现成为染料产业的根基，也为日后制药产业提供了契机。

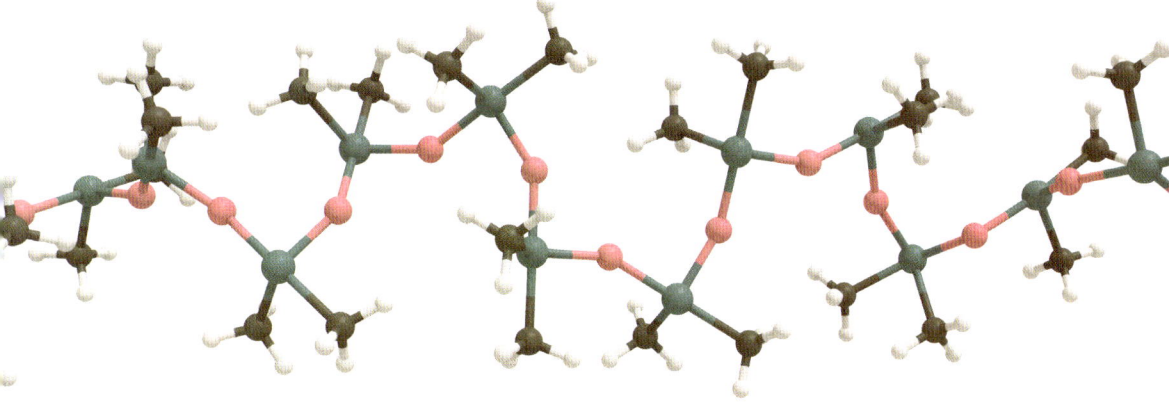

●二甲硅油，又名聚二甲基硅氧烷。

二甲硅油

失败的假橡胶摇身一变成为化妆界的多面手

第二次世界大战期间，日本侵略了印度尼西亚。同盟国最大的天然橡胶来源一下子就被切断了。这些橡胶原本来自橡胶种植园，为这些国家提供了生产防毒面具和汽车轮胎的基本原料。尽管美国人尝试从百姓手中征集旧胶靴和雨衣，想要以此来解决问题，但是，没过多久，情况就已经不言而喻：他们必须找到一种新的材料代替橡胶。

一种早期的不太成功的备选是一种用硼酸和硅油做成的奇怪材料。这种材料的弹塑性很好。用这种材料做成的小球可以弹得像橡胶球一样高，但是，如果它经过加热或者摆着不动，就会瘫软下来，变成一滩烂泥。很可惜，这种材料完全无法成为橡胶的代替品，可是，它却以百变弹力泥的形式成为很受欢迎的儿童玩具。这种物质中大部分是聚二甲基硅氧烷，又称二甲硅油。

这种聚合物是无色、无气味的，它几乎不会跟任何物质发生反应，对健康的危害也近乎等于零，并且人们还发现了一系列难以置信的应用场景。由于它能消除泡沫，便被用作果汁和果酱里的添加剂。二甲硅油是一种乳化剂，能作为护发素被加到洗发素里。在口红里，它能填补细微的唇纹，让嘴唇表面看上去光滑整洁。随意从梳妆台上拿起一件化妆用品，它含有二甲硅油的概率可是很大的。

运动

从理论上说，运动是一种纯粹的体力活儿。它是对自身的挑战，又或是多人之间只能依靠自己的身体和意志的较量。事实上，大多数运动都是需要外援的，这些外援也会对运动产生影响。曾经在古希腊举行的第一届奥林匹克运动会上，高质量的草鞋会在输赢之间起到决定性的作用。

运动的科技不断发展。田径运动员掌握了优化的训练方法和更好的材料，世界纪录不断被打破。这些发展的弊端就是导致一部分运动员通过使用违法的刺激性药品把自己的身体置于险境。在这一章里，让我们一起来看看化学是怎么在运动中占有一席之地的，包括它在运动中的发展轨迹，不论是好的方面还是坏的方面。

肌球蛋白

肢体运动的发动机

让我们暂时移步细胞生物学，毕竟，人体在运动过程中所发生的变化太奇妙了，不得不说一说。肌球蛋白是一种马达蛋白，又或者叫活动的蛋白。当然，它的分子太大了，重量足足是水分子的30 000倍，以至于我们无法在这里一一展开。幸好它也没那么重要。真正重要的是蛋白的形态。

细胞里有一种骨架，它是由肌动蛋白构成的。肌球蛋白有两条"腿"和一个"头"。蛋白质形成腿和细胞骨架之间的连接，之后又会断开这些连接。肌球蛋白就是通过这样的方式一步一步前进的。这样一来，这种蛋白质就可以在细胞内完成从 A 点到 B 点的运输了。

肢体运动是肌肉收缩的结果。从分子层面来说，肌肉是被肌球蛋白收缩在一起的。一组肌球蛋白可以共同形成一条纤维。它就像一条长长的线，如果把它从中间截成两半，你就会发现，其中一半的蛋白质整整齐齐地朝着一个方向排列，而另一半的蛋白质恰好整整齐齐地朝着另一个方向排列。这种纤维的正中间有两束肌动蛋白。一旦肌球蛋白行走起来，它们就会在瞬间把两束肌动蛋白质紧紧地拽到一起。通过许许多多细胞里的大量纤维的共同努力，肌肉就能收缩了。

肌球蛋白堪称与众不同，毕竟在分子层面上，大多数的运动形式都随心所欲。纳米技术的目标之一就是制造出能运输货物的分子大小的机器。肌球蛋白的大小是本书里所说到的绝大多数分子的上千倍。因此，对于这项研究而言，它实在太大了。然而，在过去的几十年间，科学家们受到肌球蛋白和大自然其他机制的启发，成功地研制出小颗粒的分子。它们甚至可以受到操控，保持朝同一方向运行，这就是所谓的"分子马达"。

睾丸素

分子界的帕米拉·安德森*（Pamela Anderson）

睾丸素是一种重要的类固醇激素。进入青春期后，男性的睾丸素水平升高，从而导致阴茎、阴囊、体毛、骨骼肌的生长。女性同样会分泌睾丸素，只不过分泌量比男性少很多。在女性身上，这种分子的存在导致阴毛的生长。无论是男性还是女性，睾丸素都会引发性冲动：当人体进入性兴奋状态时，就会分泌出更多的这类激素。

睾丸素是一种合成代谢类的甾体。"甾体"是4个融合在一起的环所构成的分子结构。胆固醇和女性类固醇激素雌二醇都属于这类分子。

同化作用是人体构建肌肉和骨骼过程中的一部分。合成代谢类的甾体能促进肌肉的构建。艾滋病病人和癌症病人所服用的药里便有这类分子，专门用来防止体重下降。抛开这个不谈，健

● 睾丸素。

---

* 加拿大演员。——编者注

美运动员们也会用合成代谢类的甾体让肌细胞膨胀到最大限度。

　　睾丸素受到世界反运动禁药机构的明令禁止，不允许在职业体育赛事中使用。但是，这一禁令的执行并不像想象中的那么简单。睾丸素是一种人体会自动分泌的激素，因此，对非法使用的检测很难。对于需要接受药物治疗的运动员和变性运动员则需要区别对待。另外，人们对患有高雄激素血症的女性产生了争议。这类人群所分泌的睾丸素异于常人。自行车赛车手马里奥·奇波利尼（Mario Cipollini）想到了一个颇有创意的办法，用来应付针对睾丸素的禁令。他把帕米拉·安德森的照片贴在自行车的把手上，借此通过自然方式分泌出更多睾丸素。

乳酸
肌肉发达的刑具

　　你有没有过运动过猛，感觉自己的肌肉熊熊燃烧的经历？乳酸这个小小的分子就是罪魁祸首之一。每当肌肉收缩时，例如进行体力劳动的时候，身体就会将糖转化成乳酸。我们的身体会渐渐地把它清除出去，可是，清除的速度却远远赶不上运动过程中乳酸的分泌速度。结果就是肌肉中乳酸浓度升高，以及随之而来的酸痛。它和一天之后才产生的肌肉疼痛是不一样的，肌肉疼痛或许是肌肉细微处的撕裂所引起的。

　　18世纪，人们第一次从发酸的牛奶里分离出了乳酸，它对酸奶、奶酪等物品的制造来说十分重要。

　　酸令牛奶里的蛋白质凝固成所谓的"凝乳"——奶酪的第一阶段。发酵葡萄糖的细菌能产生乳酸。以酸奶为例，

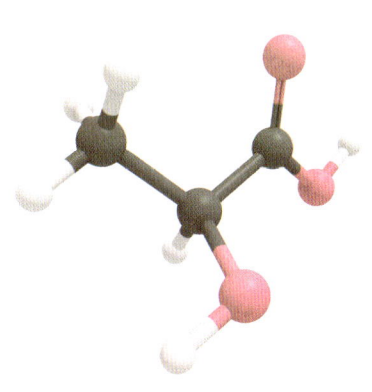

● 乳酸这个名字听起来很温和，实际上却能引起严重的疼痛。

它的制作过程简单极了，反正所有的工作都交给细菌完成就好了。我们甚至可以在家里自制酸奶。往牛奶里加入几勺酸奶，让它在温热的环境里放置24小时。于是，一顿自制早餐就完成啦。

聚氨酯

爱普克的鼻子是怎么保住的

2016年在里约热内卢举办的奥运会的单杠决赛场上，爱普克·松德兰德（Epke Zonderland）从单杠上摔下来，落到了地上。一度有几秒钟的时间，他失去了意识。同时失去的还有他的奥运金牌。幸好，那之后他还是完成了自己的全套动作。至于他当时的心理状态，我们很难做出评判，可是，从体能上来说，作为一个刚刚从2.5米高处摔下来的人，他的状态还是很不错的。能做到这样多亏了一种分子——聚氨酯。

聚氨酯是一种聚合物，更确切地说，它是一类具有相同重复分子单位的聚合物组合。在聚氨酯的合成过程中，如果往里面加水，会产生CO_2。物质相互作用，而后膨胀，最终凝固下来，与此同时，CO_2气泡便留在了混合物里。其结果就是形成了一种泡沫。通过调整这一反应中的特定条件，我们能精确控制气泡的大小。

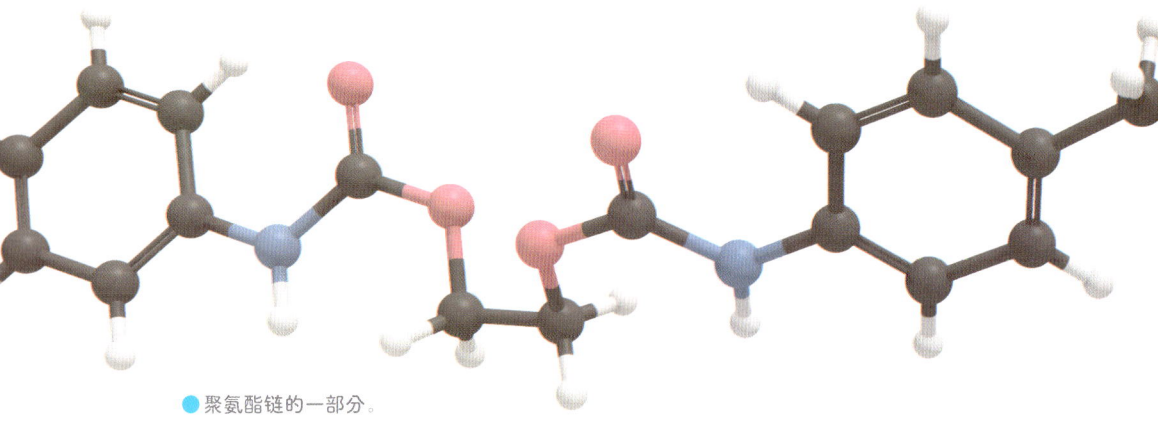

● 聚氨酯链的一部分。

聚氨酯泡沫的特性取决于气泡的大小和结构，如果气泡很大，而且连接成串，那么泡沫就会是软绵绵的；如果气泡小巧且独立，泡沫就会比较坚硬。前者被应用于床垫、汽车座椅和爱普克的体操垫上，后者则是一种很好的绝缘体，它也被称为泡沫塑料（聚氨酯塑料）。

碳纤维

世界上跑得最快的无腿人

在2012年伦敦奥运会的赛场上，南非短跑运动员奥斯卡·皮斯托瑞斯（Oscar Pistorius）在400米跑的决赛中取得了第22名的成绩。这样的成绩原本不值得载入史册，但是，皮斯托瑞斯的两条腿从膝盖以下被截了肢。为了跑步，他套上了用某种碳纤维复合材料制成的特殊假肢。

碳纤维是将聚丙烯腈这种聚合物高温加热后制作出来的。氮原子被清除一空，仅剩下某种石墨烯的长链。只要将这种纤维和环氧树脂结合在一起，就会产生一种新的复合材料，它是最理想的运动材料：坚硬，比钢更坚固、更轻巧，可以被制成任何形状。于是，从冲浪板到网球拍，从曲棍球球棍到篮球鞋，碳纤维复合材料成了各类体育运动中不可缺少的一部分。

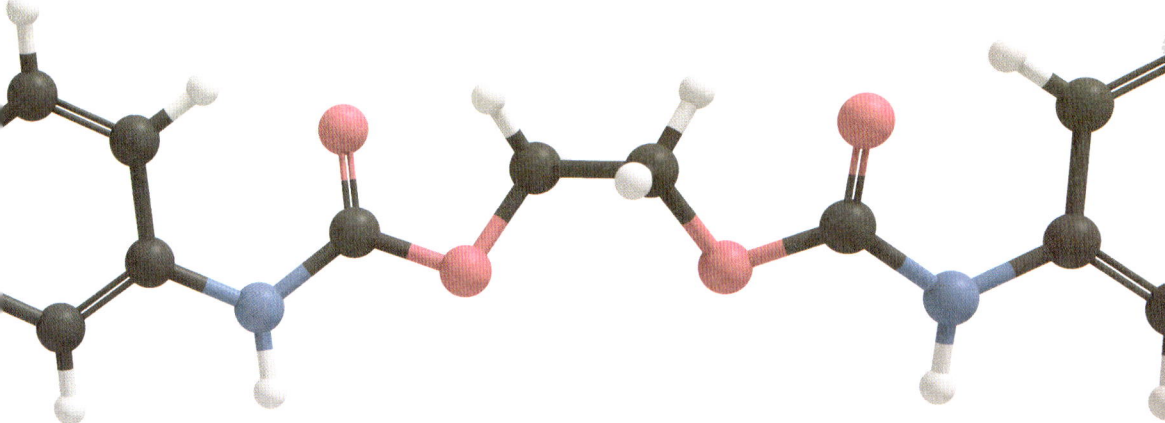

至于奥斯卡·皮斯托瑞斯的假肢，人们关注的问题集中在碳纤维的功效是不是过于好了。调查显示，他消耗的能量低于四肢健全的运动员。另一个结论就是我们几乎不可能将他的跑步功能与其他任何人作比较。就这样，皮斯托瑞斯被批准参加职业赛事，成了"世界上跑得最快的无腿人"。

奥林匹克烯分子

视觉化学艺术

科学家偶尔也会被人形容为生活在象牙塔里的人。这个词的意思就是他们的研究成果无法直接得以应用。这也没什么奇怪的，毕竟研究的很大一部分都是基础研究。研究主要是围绕知识的积累或是单纯寻找新发现开展的。可是，这并不代表基础研究就没什么用。能够直接应用的新发明往往都是基于坚实的基础研究。在科学记者的努力下，世界上最激动人心的发现偶尔也能为大众所知晓，可是，就算是最具革命性的突破听起来或许也很无聊。实话实说，连科学家自己都不清楚手头的发现到底能不能派上用场、能被用在什么地方，每当这种时候，想要把研究解释得清清楚楚真是太难了。

想要吸引大家对研究的兴趣，最好的办法之一就是制作出一种不仅有用，而且十分好看的分子。就拿篮烷、房烷和企鹅酮来说，它们的形态分别酷似（你肯定已经猜到了）篮子、房子和企鹅。为了纪念2012年在伦敦举办的奥林匹克运动会，英国的一支研究队伍制造出了奥林匹克烯分子。这个想法并不是他们的原创：早在20世纪90年代，就已经有了奥林匹克烷，它也是基于奥运五环而设计出来的。英国的研究队伍所用的是另一种初期成果。显微学的进步帮助他们拍下分子的"照片"，它才1.2纳米大！

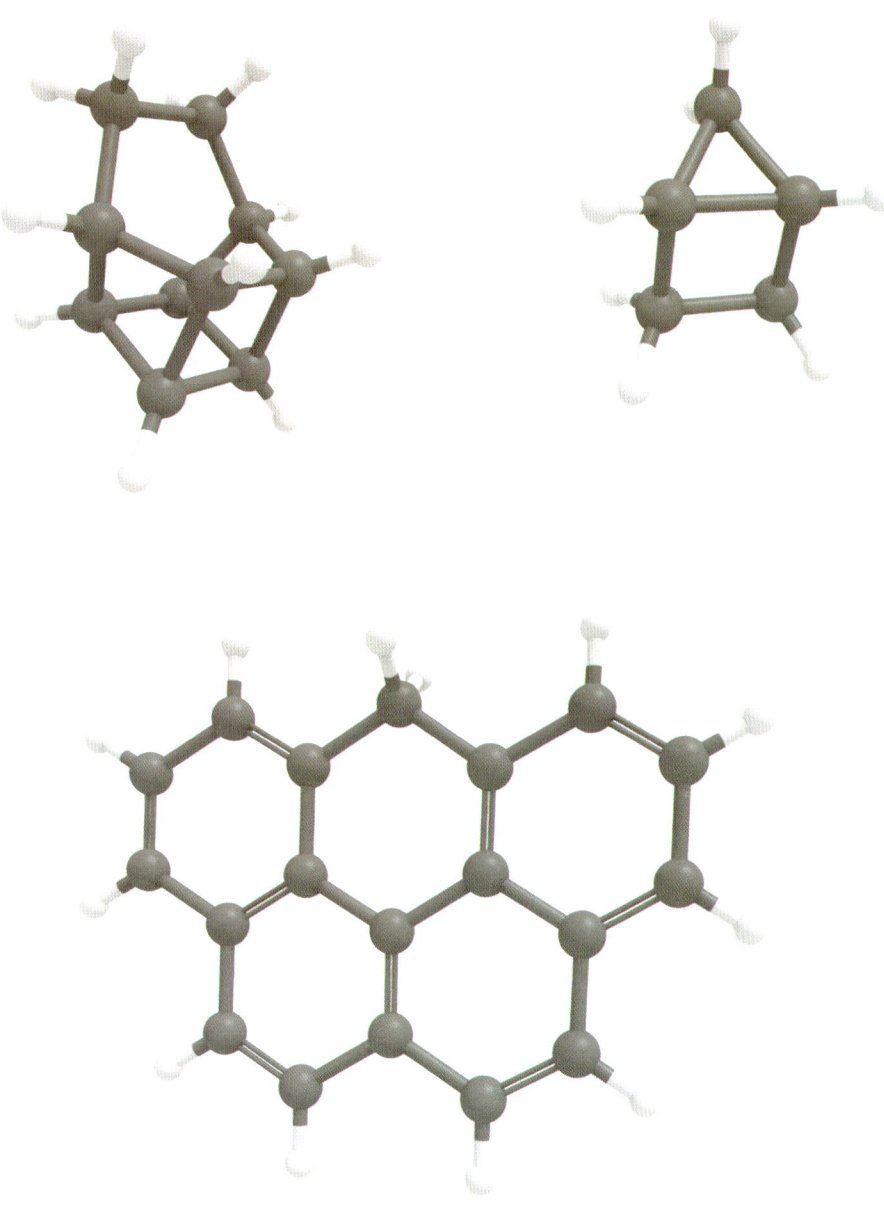

● 按顺时针方向：篮烷、房烷和奥林匹克烯。

智能手机

　　智能手机是一种不可思议的设备。它为我们建立起与所有事物和所有人之间的联系，让我们随时随地都能联络到他们。无论是新闻还是历史的瞬间，它们都在我们触手可及的范围内。荷兰有90%以上的人口拥有一部智能手机。而我们之中的大多数只不过用它来发信息、玩游戏、看猫咪的搞笑视频而已。

　　如今，我们的口袋里就装着一台小机器。它的计算能力超过阿波罗11号完成登月任务时整个美国国家航空航天局（NASA）的总和。莱顿[1]的天文学家认为，我们应当好好利用这些优势。他们开发出许多适用于苹果手机的应用程序，这样一来，人们坐在家里就可以测量出空气中的悬浮粒子了。成千上万的人和手机参与进来，轻而易举地完成了这项工作。要知道，如果交给科学家去做，一组科学家加上一颗人造卫星需要耗费很多时间和金钱才能完成这些工作。

　　近几十年来，科技飞速发展，人们排队抢购的新型号手机用不了多久就过时了。有了智能手机的助力，公众科学黄金时代的到来指日可待。但是，不管苹果应用程序商店里有多少应用程序，第一台配有内置通风柜的智能手机还没到来。我们期待着出现一台我们坐在家里就能远程控制实验的通风柜，就像智能恒温器那样。幸好，对化学家来说，我们的手机里已经配备了许多有趣的东西。

1　译者注：莱顿天文台是荷兰一座历史悠久的天文台。

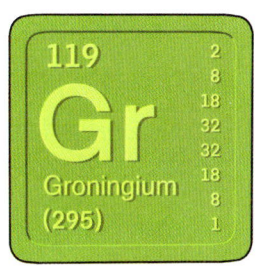

稀奇的元素

一座瑞典小村庄留下的永恒的遗产

化学元素周期表是一张根据原子量和特性将所有原子进行排列的表格，其中既包含了已知的原子，也包含了未知的元素。它总共囊括了82种非放射性元素，可是，本书里的分子仅仅涵盖了其中的一小部分。这并不代表其他元素一无是处。要知道，以你的手机为例，它包含了50多种形形色色的化学元素。银、铜和金是出色的导体，因此，导线和电极都是用它们制成的。包裹在触摸屏的玻璃外、用来传导电流的薄层是由铟和锡制成的。屏幕的颜色源自一系列所谓的稀土金属，其中包括铕、铽和镝。

许多常见元素早在几千年前就已经广为人知，因此，它们早就拥有了自己的名称，例如金、银和铜。假如某一种元素十分罕见，那么它很有可能直到近几个世纪才首次被人发现。在这种情况下，它的名称往往是由发现者命名的。这个名称可能阐释了这种元素的某个特性，例如钡（它的名字来自希腊语里的barys一词，意为"重的"）、氙（希腊语里xenos这个词的意思是"奇怪的"），还有铯（它的名字来自拉丁语里的caesius一词，意为"天蓝色"）；也有根据人名［镭（seaborgium）、铲（rutherfordium）、锿（einsteinium）］和地方名［镆（moscovium）、铕（europium）、钫（francium）］来命

---

1 译者注：格罗宁根，是荷兰北部的一座城市。

名的。

在这个方面，瑞典小村庄伊特比（Ytterby）可谓冠压群芳。伊特比是坐落于斯德哥尔摩群岛其中一座小岛上的一个小村落。它拥有几千名居民、一家空手道俱乐部、一家小超市和一座电影院。

但是，在元素的世界里，伊特比却是世界级的重量选手。人们在那里的一座矿里发现了硅铍钇矿（gadoliniet）这种矿物原料。它是以芬兰化学家约翰·加多林（Johan Gadolin）的名字命名的。经过（加多林的）进一步研究，我们发现它含有四种新的元素。新元素的名称全都受到了村庄名字的启发：镱（ytterbium）、钇（yttrium）、铽（terbium）和铒（erbium）。这座矿的奥秘还没有被完全揭示。后来，人们又在那里发现了另外四种新的元素——钆（gadolinium，源自加多林的名字）、钬（holmium，源自斯德哥尔摩）、钪（scandium，源自斯堪的纳维亚）和铥（thulium，源自神话中斯堪的纳维亚半岛的极北之地"Thule"）。

时至今日，我们再也不会发现新的元素了。尚未被世人发现的元素太大、太不稳定了，因此它们全都转瞬即逝。如果想要亲眼见一见它们，那么你只能自己动手，通过让小型原子相互之间高速碰撞的方式把它们创造出来。只要它们的存在还没得到证实，我们就会根据这些预测的元素在化学元素周期表里的位置给它们拟定暂用名。尚未被创造出来的最小且最"简单"的元素就是排在119号的类钫。谁要是把它制造出来了，就可以给它取个名字。这么看来，说不定未来的化学元素周期表里真的能出现一个以你的名字命名的元素呢。

放射性

我们平日里所能见到的原子大多都很稳定。它们可以被存放上十万年，拿出来时还丝毫未变。可是，有些罕见的原子却很不稳定，换句话说，是有放射性的。这些放射性元素的原子核里含有过多能量，经过一段时间之后，它们就会转化成射线的形态。这些射线会对活细胞造成损坏。

聚碳酸酯

没有碎片的玻璃

一部智能手机少说也要几百欧元。无论去什么地方，我们都会带着这个小玩意儿。大概每个人都曾有过把手机掉落在地上的经历（有些人甚至还会砸手机），因此，手机具备一些防碰撞的性能是十分重要的。制造商很喜欢为手机的侧面和背面使用最坚固的塑料种类之一——聚碳酸酯。

聚碳酸酯易于被制造成各种形状。它是透明的，易被改造且不会开裂和破损。只不过，它很容易留下划痕，正是因为这样，它才没能处处取代玻璃。一旦这个问题得以解决，未来的我们很有可能会给窗户和屏幕也换上塑料。

下面图示中的这种聚碳酸酯广受欢迎。这类塑料的构成单元是碳酰氯和双酚A（又名BPA）。BPA这种分子在人体内的效应与雌性激素有些相似。它的生物活性十分有限，但是，BPA存在于数不胜数的产品之中，因此，我们整天都跟它打交道。科学暂时还无法解释它对人体究竟有多大的损害。假如你想确保万无一失，那么，如今已经有了不含BPA的材料清单。这份清单很长，其中的BPA往往被与它十分相似的分子所取代，但是，这些材料是否真的比BPA安全得多，我们还不得而知。

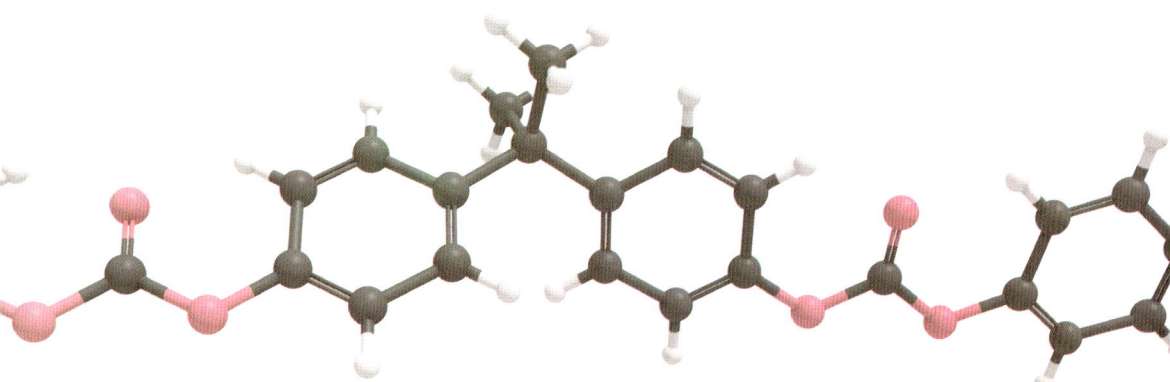

● 由碳酰氯和双酚A构成的聚碳酸酯。

锂

我们为什么不能把照相机装进托运行李

电池是一种能够储存化学能的物品，并且能将化学能转化成电能，并释放出来。如果要求所有的器材都离不开电线或者必须插在插座上才能运行，那自然是很不实际的。于是，依靠电池运作的器材变得越来越多。电池里含有金属材质，更换电池很昂贵，且不一定环保。因此，研发出一种坚实且强劲的充电电池成了研究中的一个重要课题。于是乎，近乎所有智能手机、笔记本电脑、电动汽车都用到了最高效的电池——锂离子电池。

锂是一种奇怪的金属。它很轻，轻得能漂浮在水面上。可是，它的反应活性却很强，强到一碰到水就会立即爆炸。鉴于这种显而易见的原因，我们不会（像使用铁或铝一样）使用它来制成器械设备。而它的属性也决定了它不会出现在人类的体内。锂在电池的制作中这么受欢迎，其中一个原因在于它可以让电池做得很小。它的缺点在于它的强反应性，在特定的情况下，这种反应性有可能导致电池爆炸。因此，航空公司要求我们把电子设备装在手提行李里。客舱里蹿出的火苗可以轻而易举地得到控制，但是，货舱起火却会带来毁灭性的后果。

玻璃

一种特殊情况

一则广为人知的故事告诉我们，玻璃不是固体，而是一种超级浓稠的液体：人们发现，大教堂里玻璃窗的下沿更厚，其原因在于它们经过成百上千年的洗礼后逐渐下垂。这则故事讲得很好，却很可能是虚构的。更可能是千百年来，吹玻璃的工人们一直都没能制作出完全均匀的玻璃。出于稳定性的考虑，安装工人把较厚的边沿装在了下面。

在科学领域，玻璃常常被视作一种特殊的状态，这种状态可以在各种类型的塑料中见到。从这个角度说，这其中的玻璃的确是液体，分子的排序都是随机的；但它又太浓稠了，致使它无法进行相对运动。我们将这种形态称为非晶体。与它相反的就是所有分子整齐划一排列的晶体。这种解释很实用。有了这样的定义，所有关于玻璃是固体还是液体的讨论就变得十分多余。传统意义上的玻璃是由二氧化硅构成的（与玻璃的原料沙子一样），如今的玻璃却可能包含各种各样异乎寻常的材料组合。正如大多数智能手机的主人曾经历过的不幸事件所带给我们的启示一样，玻璃除透明和防划痕的特性之外，还具备易碎的特点。因此，一直以来，工业界都坚持不懈地努力，想要研发出一个全新的玻璃种类，能更好地抵御坠落。

玻璃是一种性能良好的绝缘体。对我们来说，这也是一件好事。要不是这样的话，一到冬天，我们的家里就会冰冷刺骨。玻璃也可以通过与辅助材料的结合，变成很好的导体。大多数触摸屏就使用了这种特殊材质的玻璃。当你触摸玻璃时，你的手指与玻璃背后的电极之间形成了电流接触。这就是为什么智能手机必须用手指直接接触才行。人体是性能良好的导体，可手套和笔却不是。

石墨烯

未来的材料

石墨烯是一种神奇的材料。它是一种性能良好的导体，能传热和传导能量。它是透明的，灵活性强，同时又比钢还坚硬。要是能把它应用在触摸屏、电路、太阳能电池、航空航天等领域，那简直好极了。石墨烯无处不在，说不定，就连你家里都有石墨烯。只不过，我们的手机里暂时还没有石墨烯。毕竟，大规模生产石墨烯是十分不容易的。

石墨烯是一种最理想的二维分子。它是由纯碳组成的六边形结

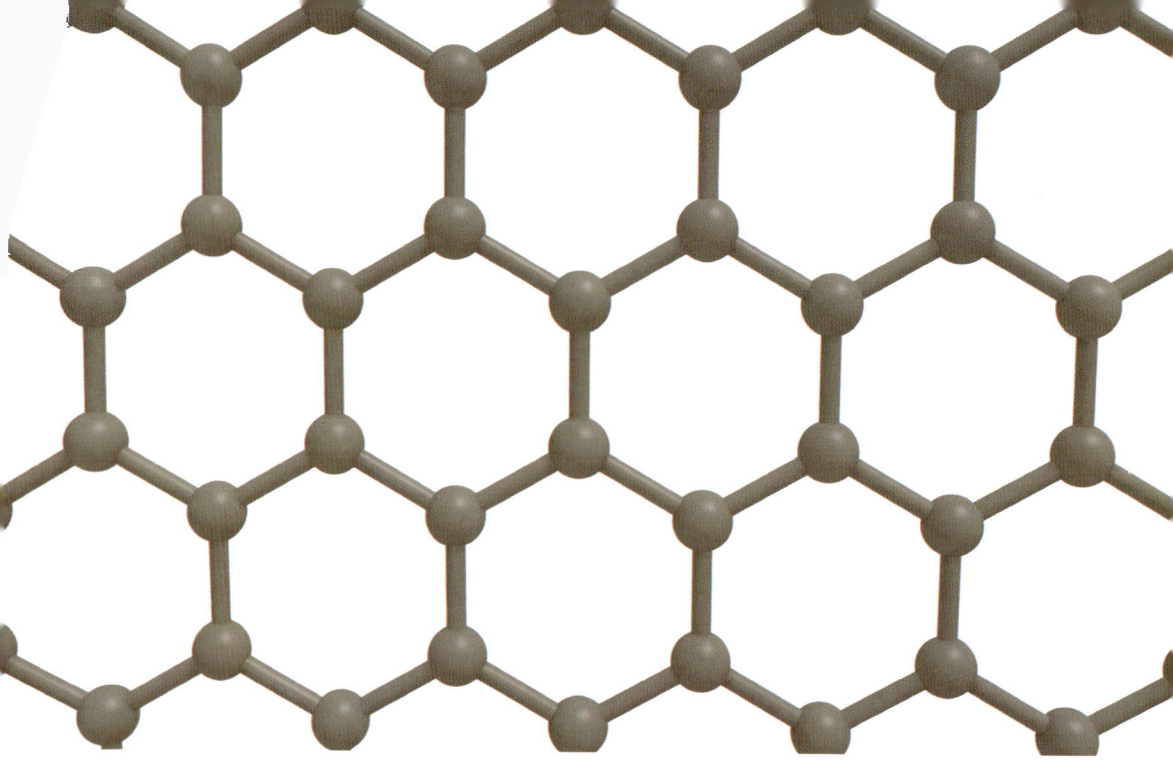

● 石墨烯造就了一种具有无限可能的材料。

构。从理论上说，这种分子可以无限长、无限宽，可是，高度却永远都仅限于一个原子的高度。其实，我们在铅笔芯里所能见到的石墨就是石墨烯重重叠加而成的。

直到不久之前，我们才刚刚实现了给石墨烯分层。物理学家安德烈·海姆（Andre Geim）和康斯坦丁·诺沃肖洛夫（Konstantin Novoselov）因为在成功分离石墨烯方面所进行的研究和取得的成就而共同获得2010年诺贝尔物理学奖。他们借助所谓的胶带法，成功地分离出了石墨烯分子。并非所有革命性的发现都得难于上青天：你甚至可以在自己家里尝试这种科技。只要准备一小块胶带，把它贴在铅笔削尖的那一头。当你撕下胶带的那一刻，你同时扯下了一层石墨烯。只可惜，在家里你无法判定这次实验有没有成功，毕竟一层石墨烯的厚度是一根头发的1/200 000。如果想要进行大规模的生产，这种方式不太可行。不过，我们近些年来还找到了其他制造石墨烯的办法。

石墨烯尚未得到充分应用，但是，它却标志着科技向前迈进了一大步。举例来说，石墨烯十分坚固，1平方米的石墨烯分子足以承受4千克的重量。而分子本身的重量甚至还不到1毫克。

液晶显示器

无序中的秩序

想当年在开发目前实验室里所用到的现代技术时，化学家们分析物质的手段还十分有限。熔点的测算就是其中之一。熔点是判断物质纯度的重要指标，而我们所需要的工具仅仅是一支温度计而已。纯度高的物质在达到某个特定温度时会熔化，而混合物则会在加热的过程中就逐渐熔化。

1888年，一位化学家惊异地发现某种新改良的胆固醇有两个熔点。处于这两个熔点之间的物质会形成一种牛奶状的液体。进一步的研究结果显示，这种物质正处于一个新的状态，即液晶相（又称LC）。

LC是液态的，与正常液体相反的是，它的分子是井然有序的。（LC是一种反向的玻璃，玻璃是固态的，但其分子排序杂乱无章。）LC的分子就像火柴盒里的火柴一般：我们可以用力摇晃、搬动它，但是，所有的火柴依然朝着同一个方向摆放。有些智能手机屏幕所使用的液晶显示器（LCD）的光源上方有一层薄薄的液晶，屏幕上的差异、数字、字母、图片和颜色都源自于像素，每个像素都是由一堆液晶分子组成的。在正常模式下，液晶会阻挡光线，只要给这些分子施加一个微弱的电脉冲，排列方向就会发生逆转（仿佛把整盒火柴都掉了个个儿似的）。在这种模式下，液晶就会让光线穿过，像素从而被点亮。最终，绿色、红色和蓝色的滤光片产生了图像上的色彩。

农业

假如在你的心目中，农业就是往地里埋几颗土豆，几个月后去收割，那么，关于农业，你需要了解的事情还多着呢。不同的农作物需要不同的营养成分。如果长期在同一块土地上种植同一种作物，那么这种营养成分很快就会被耗尽，而其他营养成分只能留在地里，毫无用武之地。如果在同一块土地上连年种植不同的作物，则能更好地维持营养成分的平衡。这种习俗早在罗马帝国时期就已经出现，我们将它称为轮作。轮作是一道复杂的程序，但是，对于任何有可能增加土地营养成分的做法，我们都甘之如饴。农民们的传统做法是用家畜的粪便给农作物施肥，但是，从19世纪开始，这一功能越来越多地被化肥取代。可以说，化学为现代农业的发展提供了重要助力。在这个章节里，让我们一起看看粮食丰收的背后有哪些分子、经历了什么样的过程。

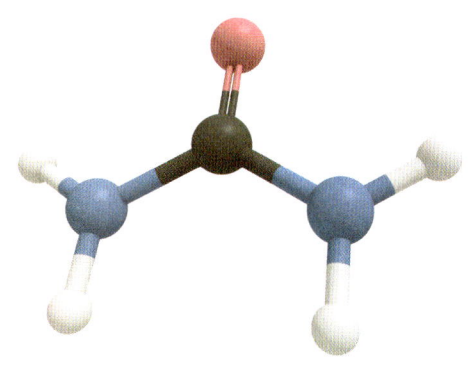

尿素

尿的气味

有机化学是化学的一个分支，主要着眼于含有碳骨架的分子。"有机"这个词早在几百年前就已经出现，那时候，化学家们满心以为有机材料中含有某种"生命力"。因此，他们坚信有机材料（例如植物和动物）的分子与无机材料（例如石头）的分子相比，具备完全不同的属性。

● 尿素是肝脏在分解氨基酸的过程中产生的垃圾。

1828年，德国化学家弗里德里希·维勒（Friedrich Wohler）从盐类氰酸铵中提取出了尿素。也就是说，他首度从无机分子中提炼出了有机材料。你或许会认为这样的发现足以从根本上改变化学的分类方式。但是，人类是一种习惯性的动物，即便到了今时今日，有机化学和无机化学还是常常被视为两个独立的领域。我们也依旧说不明白"生命"究竟是什么。但我们能够肯定的是：分子是没有生命的。如今，有机化学和无机化学之间的界线变得越来越模糊，许多激动人心的发现都是基于有机分子和无机分子的结合而产生的。

肝脏在分解氨基酸的过程中产生尿素。这个过程是人类丢弃多余的氮的标准流程。每一天，我们都会排泄掉大约25克的尿素。这些尿素径直流向下水道。其实，这还是很可惜的。尿素明明可以变成化肥，为农业效力。工厂每天都在大规模地生产一种被我们随随便便冲掉的分子。不过，相信用不了太长时间，我们便能大规模地对尿素进行回收利用。

哈伯法

关于爆炸和爆炸式的人口增长

无论对人类还是对动植物来说，氮原子都是必不可少的。没有氮，我们就没有DNA，也没有蛋白质。大气层的78%都是由氮气组成的，只不过，它对我们的身体来说没有什么用。N_2（氮气）是一种惰性极强的分子，绝大多数有机体都无法对它进行加工处理。想要在重要的生物分子的结构中囊括氮原子，我们就必须通过活性更强的方式摄入它，例如通过氨（NH_3）。

德国化学家弗里茨·哈伯（Fritz Haber）是第一个通过特殊手段让氮分子发生反应的人。由于N_2分子中的两个原子是通过三键相连的，所以它十分稳定。单单是想要令分子单键断裂就要耗费很大的力气，要不然，我们的身体此时此刻就能碎成渣渣。所以说，氮分子的键坚固至极。哈伯将氮气和氢气混合，并加入了一种催化剂（详见催化剂），对它们进行高温加热。这种催化剂以铁为基础，从而减弱了三键的作用力。这样一来，氮分子分解，与氢结合，形成两个氨分子。卡尔·博（Carl Bosch）（他是电子工业巨头博世集团的创始人罗伯特的侄子）协助哈伯将这个过程应用到了工业领域。

对于当时的德国来说，哈伯的发现来得恰逢其时。要知道，早在第一次世界大战的时候，同盟国就已经封锁了德国的智利硝石（它是化肥中一种重要的原材料）进口。氨既可以变成化肥，也可以变成硝酸。而硝酸恰恰是制造爆炸物不可缺少的原材料。1919年，弗里茨·哈伯因为成功制造出氨而获得诺贝尔化学奖。这件事情饱受争议。毕竟，哈伯也要对德国在第一次世界大战期间的化学战负责任。他本人对此并不知情，因为他自认为化学武器的研发属于正常的科学爱好范畴。尽管如此，哈伯法堪称有史以来最重要的工业生产。在过去的一个世纪里，其为全世界几十亿人口供应了粮食，也

让爆炸式的人口增长成为可能。由于氨的生产需要消耗大量的能源，因此，化学界目前所面临最大的挑战就是找到一种可以替代它的更节能的方案。

氨

更好的农业和臭猫砂盆

智利的阿塔卡马沙漠里有大量的硝酸钠储备，它们也被称为"智利硝石"。自19世纪初期起，硝酸盐被人们当作化肥使用。从那一刻开始，智利的矿井变成了无价之宝。第一次世界大战期间，硝酸钠向欧洲和美国的出口达到了巅峰，可是，矿产的储备也眼看着就要见底了。自从哈伯法被发明之后，氨简直变得取之不尽。我们生产出来的氨绝大部分都被用来制成硝酸盐，从而生产出化肥。从那时候起，智利的矿井进入了停滞状态，阿塔卡马沙漠里一度熙熙攘攘的聚居地变成了鬼城。

●氨。

好的化肥能大大提高农业生产的效率，进而令农作物的产量急剧上涨。与此同时，新品种化肥的诞生同样令20世纪的世界人口呈指数式的增长。然而，我们对使用的高要求也变得愈发迫在眉睫，毕竟，土地所含的硝酸盐一旦过量，就会产生副作用，从而对环境造成破坏。比如，它们可能通过一系列的反应被转化为硝酸，而硝酸则会以酸雨的形式对土地和农作物造成损害。

我们不会把所有的氨都转化为硝酸盐。我们对这种物质的本体也有着大量的需求，尤其是在清洁用品和燃料方面。它是一种无色的气体，带着一股长时间没有清理的猫砂盆的刺鼻气味，又或是一块熟过头的蓝纹奶酪的味道。事实上，我们所购买的氨水就是一种氨的溶液。它的气味会刺激我们鼻子和喉咙里的黏膜，最终导致我们心跳加速、警觉提高。维多利亚时代的贵妇们总是随身携带一小瓶嗅盐——

一种碳酸铵溶液。一旦她们因为胸衣过紧或者遇到惊心动魄的事件而昏倒，别人只需要把小瓶子举到她们的鼻子跟前，她们就会很快恢复意识。

柠檬烯

杀虫剂中的业余选手

农药为我们的食品安全做出了诸多贡献，然而，它们的名声却很差。这并不是空穴来风。对于化学学科来说，想要研发出更多有效保护农作物的产品，无论它们是人工合成的还是纯天然的，都是一项巨大的挑战。近些年来，人们对类似于柠檬烯生态农药的需求越来越大。对某些特定种类的虱子和杂草来说，这样的小小的分子是有毒的。它们的效果远远不如大多数人工合成的农药，可是，它们对人体的危害却小得多。

自然界里有两种柠檬烯的镜像异构体。右旋柠檬烯大规模地从橙子皮中被提取出来，成为橙油独特气味的主要来源。左旋柠檬烯存在于针叶树里，散发着一种与树脂更加接近的气味。这两种柠檬烯都可以被用作消费产品或是（化学）工业上的"绿色"溶剂，代替苯、氯氟烃等有毒的溶剂。其中，右旋柠檬烯更是因为它芬芳的气味而成为广受欢迎的原料，被应用于从清洁剂到化妆品的各个领域。

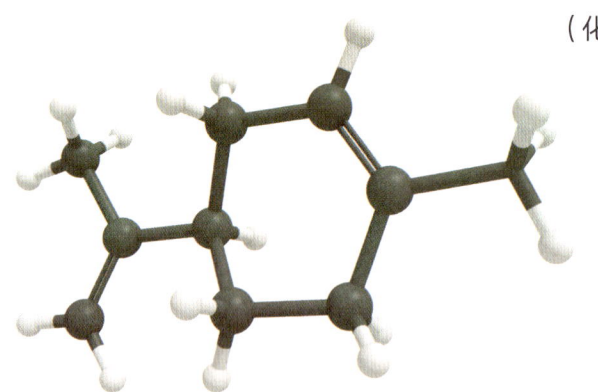

● 气味接近树脂的柠檬烯的结构。

甲烷

关于格罗宁根的黏土和奶牛的屁

在荷兰北部，最臭名昭著的分子莫过于甲烷。在20世纪60年代，荷兰天然气公司在格罗宁根省的小城斯洛赫特伦下方发现了天然气田。没过多久，整个地区都被划入天然气网。天然气的主要成分是可燃气体甲烷，还有氮和一小部分的其他气体。它们的确切组合有所不同，可是，不管怎么说，在格罗宁根的天然气里，氮所占的百分比大约为14%。与俄罗斯、挪威和德国等地的天然气相比，这个含量很高。实事求是地说，我们的家庭用气主要依赖格罗宁根的天然气。荷兰的灶台和锅炉全都被设计成适应14%含氮量的天然气。当我们从别的国家引进天然气的时候，天然气的成分结构必须经过调整，变得与格罗宁根的天然气一模一样。如果不这么做的话，气体会发生"不完全燃烧"，从而产生有毒的一氧化碳气体。

当然，天然气是一种化石燃料。当它燃烧的时候，就会释放出二氧化碳。说到底，我们还是希望能源供给可以完全依赖于可再生的、清洁的能源。然而，在这个目标得以实现之前，天然气依然是最佳选择之一。与石油相比，相同重量的天然气能释放的能源多得多，而产生的有害物质却少得多。天然气同时还是生产氢的重要能源。

天然气开采所导致的后果就是格罗宁根省不得不面对地面下陷、地震和建筑结构受损等问题。天然气的开采逐渐受到限制，然而，这项活动还要过好几年才会彻底终结。

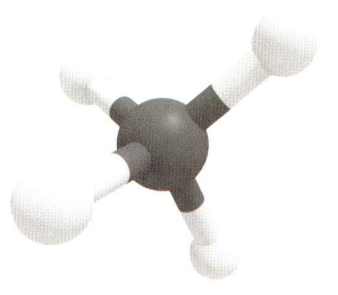

甲烷是一种温室气体。开采天然气和交通运输的过程中都会释放出这种气体，不仅如此，畜牧业也会排放出许多甲烷。这听起来可能很不真实，但是，奶牛的屁的主要成分就是甲烷，大约占畜牧业里甲烷总排放量的3/4。

● 甲烷——天然气的重要组成成分。

联氨

化学合成里的小分子，人类发展史的一大步

杂环化合物是含有一个或多个杂环结构的分子。除碳和氢之外，杂环里还有其他元素，大体而言，有氮、氧或者硫。这类分子与其他分子或蛋白的相互作用尤其好，因此，我们常能在自然界中见到它们的踪影。大多数药物、毒药和本书提到的其他有机活性物质都属于杂环化合物。农药也是其中之一。想要制造出这类化合物，我们就需要一种活性分子，让全新的元素形成分子。

联氨是一种液体，纯联氨不能被用于农业，却常常成为生产各种各样含氮农药的基础材料。它是一种活性极强的分子。这样的特性使它的相互作用变得更容易，却也带来了一些风险。联氨的爆炸性在航天领域非常有用，可以用于太空作战。美国国家航空航天局在发射阿波罗11号时就用到了一种液体氧气和航空煤油的混合物。然而，真正把尼尔·阿姆斯特朗（Neil Armstrong）和巴兹·奥尔德林（Buzz Aldrin）成功送到月球表面，而后又顺利带回地球的却是一种以联氨为基础材料所制成的混合物。

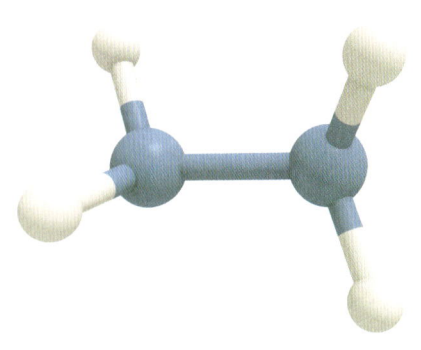

● 联氨是一种相对不太稳定的分子。

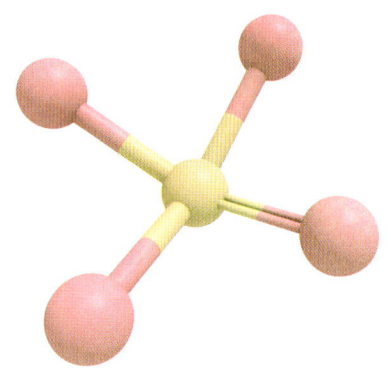

磷酸盐

一个袖珍国的兴起与衰落

在浩瀚的太平洋上，在距离赤道不远的地方，隆起了一坨直径约为5千米的鸟粪。这个小岛的名字叫瑙鲁。它是一个独立的国家。瑙鲁是一座命途多舛的小岛。那里很荒凉，一片狼藉，居民们过度肥胖，平均寿命很短，而且，国家经济在很大程度上依赖澳大利亚的支持。50年前，瑙鲁的经济还在蓬勃发展。海鸟留下的粪便被晒干，这些海鸟粪里富含磷酸盐。磷酸盐是化学肥料的重要组成成分。

人们发现瑙鲁拥有大量的海鸟粪储备后，近乎半座岛都被挖空了，这为小岛带来大笔的财富。终于，磷酸盐的储备被消耗殆尽。加上他们糟糕的资产管理水平（简单举个例子吧：他们斥巨资投资了伦敦西区的音乐剧《达·芬奇——爱的肖像》，恶评如潮的音乐剧令他们的投资一败涂地），使得采矿业终结，这意味着这个国家不得不以悲剧收场，直到今天也没能翻身。

磷酸盐因为含有磷这种元素而在农业中占有重要的地位。DNA和细胞膜的生成都离不开磷。磷可以通过磷酸盐的形式有效地被植物吸收。磷与氮正相反，我们主要从自然界的矿物中提取磷酸盐。也就是说，我们的储备总有一天会被消耗殆尽。这并不意味着世界末日，人类和动物通过植物而摄入体内的磷酸盐几乎不会受到任何损耗。绝大多数磷酸盐通过尿液和粪便被排出体外，然后，很可能重新被回收。只不过，我们得加快速度才行。对工业而言，磷酸盐的回收利用是一项巨大的挑战。

纺织业

我们最基本的需求是空气、水、食物、住所和衣服。这一点，就连原始人都知道，似乎人类从几万年前就开始穿衣服。用来制造衣物的纺织品是一种以纤维所制成的绳子为原料，从而制造出来的布料。这些纤维的成分是聚合物。直到150年前，纺织品才变得纯天然，如棉花、麻布和丝绸。伴随着化学的发展，纺织品的种类也发生了变革，衣料的选择大幅增加。通过对聚合物分子结构的调整，我们可以精确选择自己想要的材料特质：是硬还是软，是保暖还是凉爽，是轻还是重。无论是哪种应用，我们都能设计出最理想的纤维来。在这一章里，让我们着重看看这是怎么一回事。

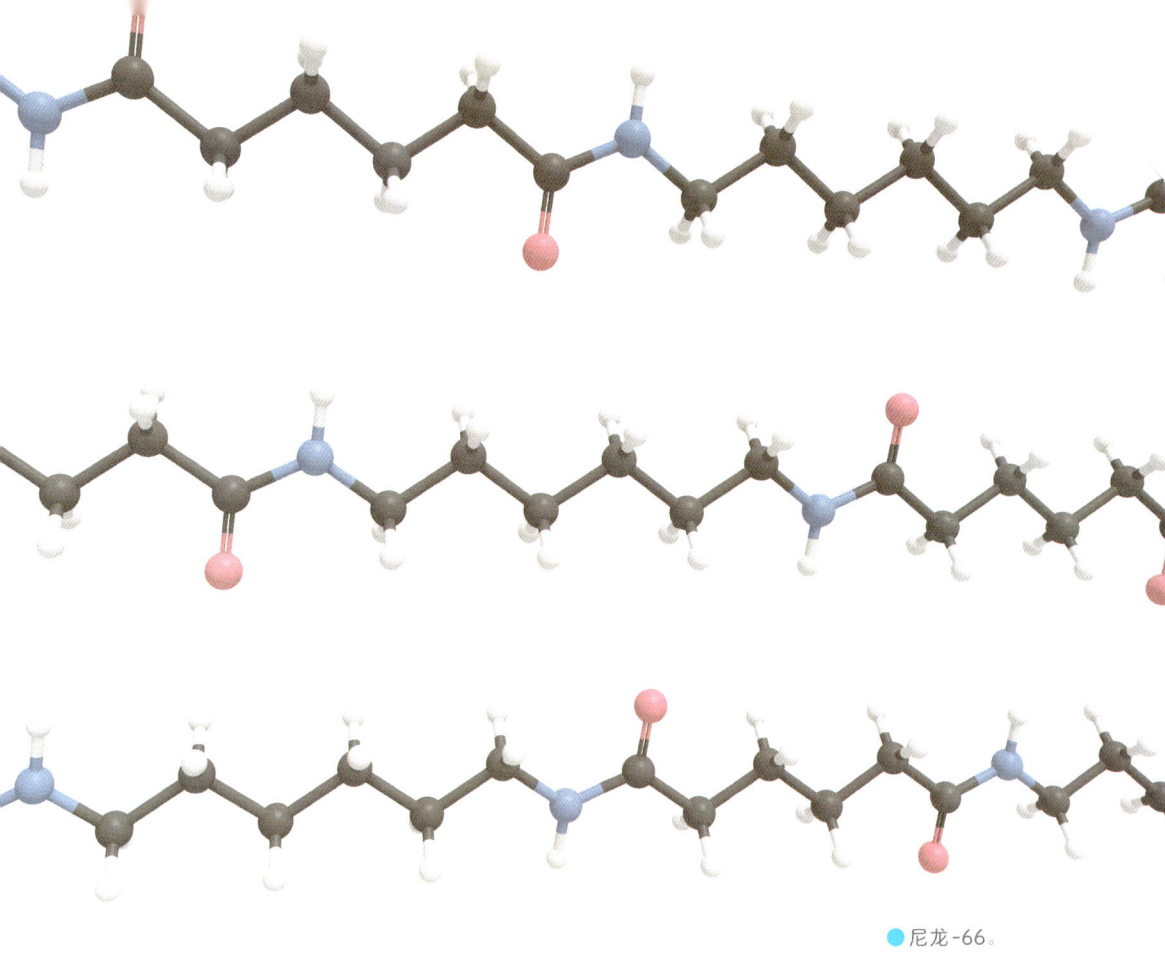

● 尼龙-66。

尼龙

一则塑料的发迹史

　　早期，大学负责所有的新研究，科学家们负责发现新的分子或材料。1927年，美国的化工巨头杜邦公司成为首批为基础研究设立实验室的工业公司中的一员。他们意识到出版物能为其带来一些良好的声望，并能由此吸引更多的化学家加入。当时，很少有人想到基础研究会带来实际的应用。

　　前途无量的年轻化学家华莱士·卡罗瑟斯（Wallace Carothers）担任了实验室的负责人。没过几年，他们就研发出了有史以来最为成功的聚合物——尼龙-66。尼龙属于聚合物，它的每一个结构都是通过酰胺结合在一起的。酰胺是一种化学基团。正是它们令氨基酸形成我们体内的天然聚合物蛋白纤维的长化学链。尼龙的酰胺之间可能存在各种各样的化学链，如尼龙-66就有两组各含6个碳原子链。

　　尼龙的酰胺连接同样存在于丝绸里，因此，这两种物质的外形也相似。尼龙是一种人造的丝绸，它比真正的丝绸更坚固、更轻巧、更耐用、更便宜。一开始，人们用它做成长袜，获得了巨大的成功，在第二次世界大战期间，生产商用它制造降落伞和绳子。战争结束后，尼龙变革愈发变得一发不可收拾。在日常生活中的方方面面，我们都能见到它的踪影。杜邦公司因此成了全世界最大的化工公司。

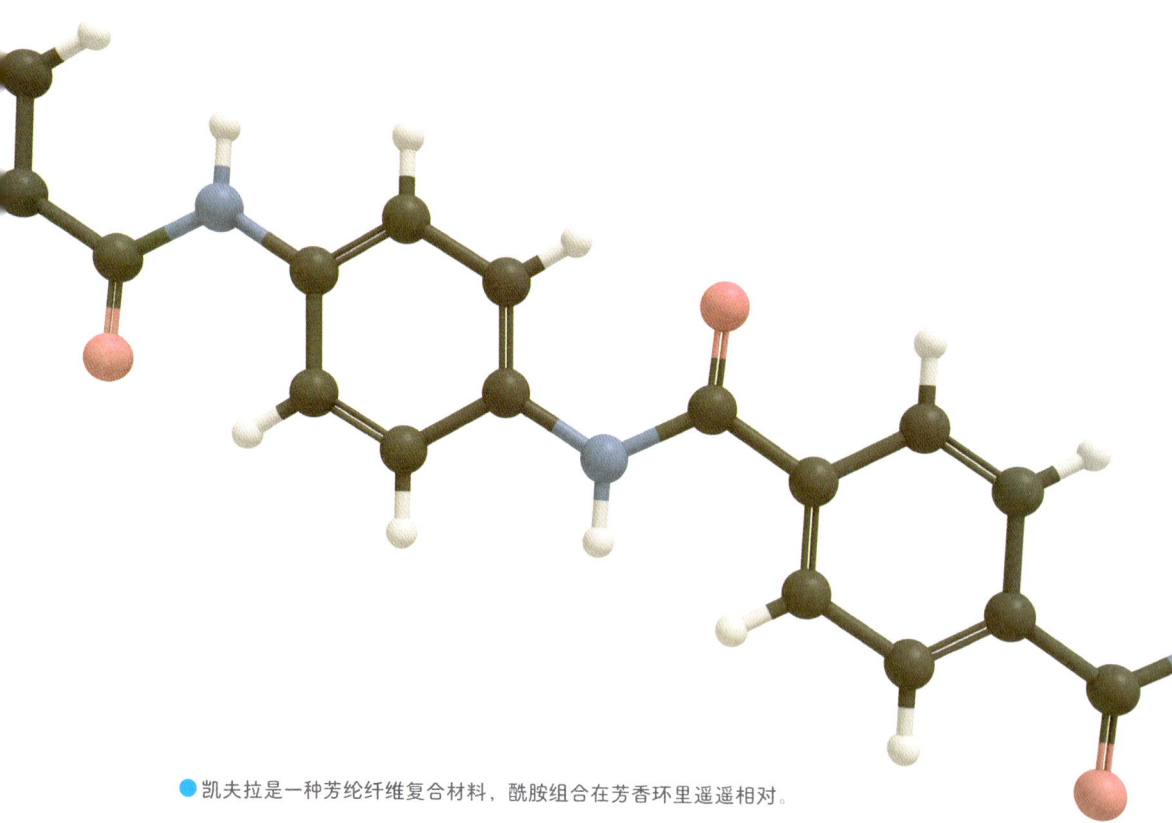

● 凯夫拉是一种芳纶纤维复合材料，酰胺组合在芳香环里遥遥相对。

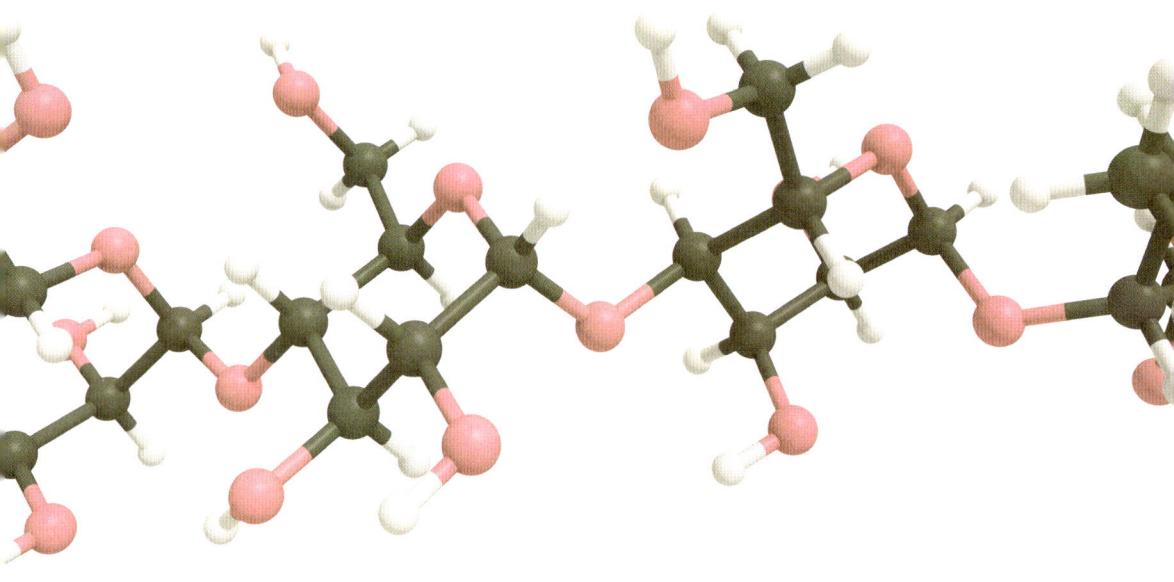

● 在纤维素中，葡萄糖单元的组合方式与在淀粉中的不同。

棉花

菠菜和牛仔裤之间的细微差异

　　如果不谈谈地球上最为常见的有机分子，那么一本有关分子的书就称不上是一本完整的书。这个分子就是纤维素。纤维素是一种植物聚合物，它和淀粉一样，完全由葡萄糖单元构成。它们的区别就在于糖相互结合的方式。这个小小的差异所导致的结果就是人类能够消化淀粉，却不能消化纤维素，而奶牛却能轻易地做到。

　　对于植物的完整结构来说，纤维素这种分子的作用举足轻重。我们可以这样做：把动物细胞想象成一个水球，它富有弹性，四周围绕着可变的细胞膜。植物也有细胞膜，只不过，植物的细胞膜外有一层细胞壁。

细胞壁与富有弹性的细胞膜相反，它僵化而又刚硬。细胞壁很重要的一种组成成分是纤维素。木头里纤维素的含量约为50%，棉花则能达到90%。我们用棉花的纤维纺成线，编织出来的材料轻巧、耐用且透气。无论新品种的布料具备多么先进的特性，棉花依然是最受人们欢迎的衣料材质。决定其特性的不仅有聚合物的分子结构，还有纤维的加工方式。此外，还有一些纺织品的性质与棉花完全不同，但它们也是由纤维素组成的。常见的有黏胶纤维和亚麻，还有纸张和玻璃纸。

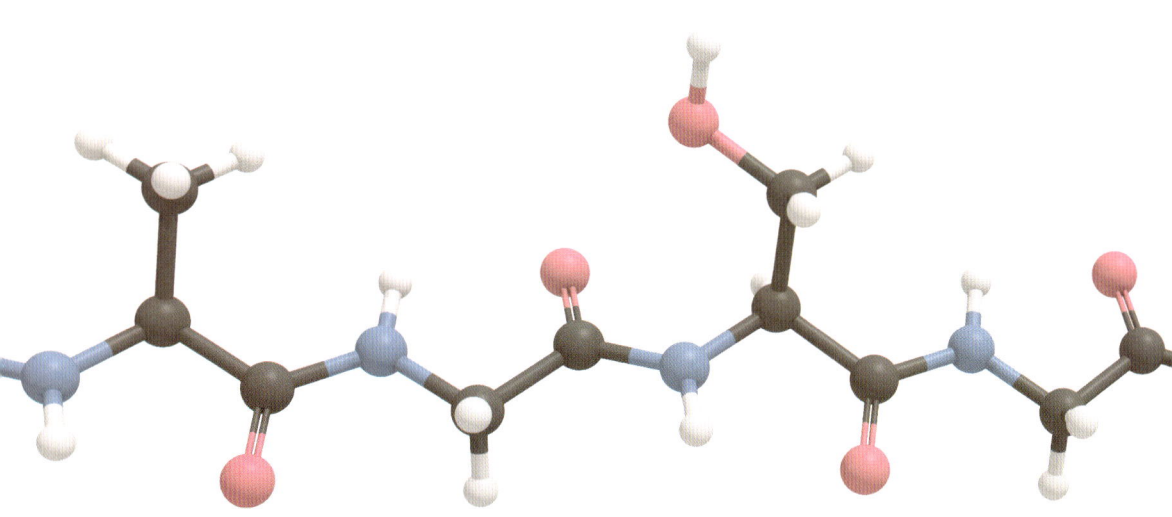

丝绸

一种皇家原材料

几千年以来，丝绸一直被视为奢侈品。它的交易堪称暴利行业，欧洲与遥远的东方国度之间搭建起的贸易路线也因此得名，后人将其称作丝绸之路。丝绸轻巧、结实、柔软、凉爽、美观，可是，它的生产过程相当烦琐，尤其是一些昆虫难逃悲惨的命运。蚕的幼体吐出丝，结成茧，而后被放入水中活活烫死。滚烫的水溶解了蚕茧里的黏合剂，于是，我们便可以像理毛线一样把它解开。这个过程能为我们带来一根足足有上百米长的线。

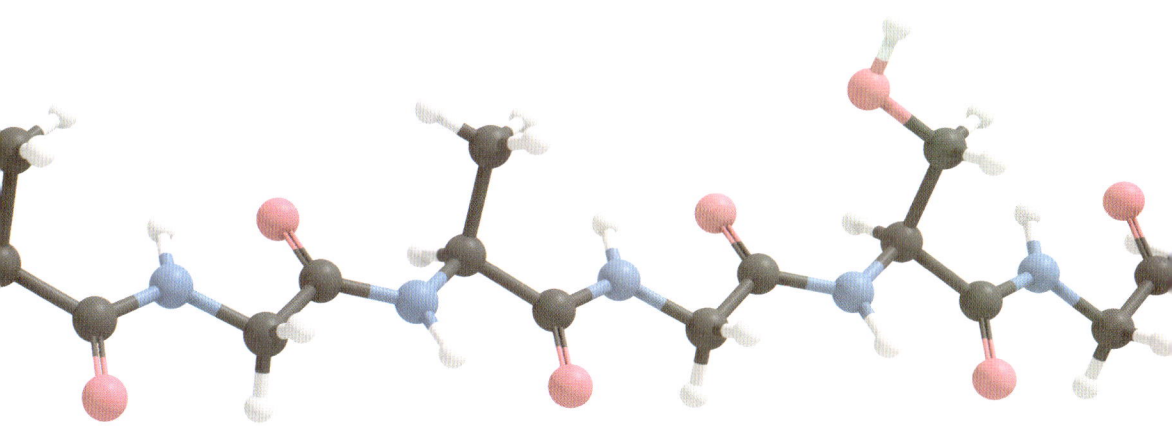

● 丝绸纤维里的蚕丝蛋白主要由甘氨酸、丙氨酸和丝氨酸构成。

丝绸纤维由蚕丝蛋白组成。蚕丝蛋白主要由甘氨酸、丙氨酸和丝氨酸构成。它们没有或是只有很少的支链。因此，氨基酸链可以排布得更紧密，从而令纤维具备很高的抗拉强度（这也就意味着我们可以十分用力地拉扯，而材料却很难受到损坏）。在过去的一个世纪里，丝绸又承担了一个新的使命，那就是作为生物材料。生物材料是一种与生命体能共同生存的材料。因为丝绸十分坚固且十分轻巧，同时，它也不会跟人体组织发生反应，所以，丝绸成为了人体生物医学领域的理想材料。例如，它可以用于制造缝合线和人造静脉，甚至还可用于制造可生物降解的有机电池。

凯夫拉（芳纶）

用来制造刀枪不入的衣服的超轻型分子钢丝

继尼龙获得巨大成功后，杜邦的研究实验室火力全开。20世纪60年代初，他们研发出了一项专利：聚芳酰胺，它也可以被称为芳香族聚酰胺。芳香族聚酰胺和尼龙之间有着千丝万缕的联系，可是，它们与酰胺之间有一个芳香族基团，这使得聚合物的柔韧性大大降低。世界上最成功的芳香族聚酰胺是凯夫拉。

独立的凯夫拉分子无比僵硬、无比笔直，这样一来，它们就能十分高效地相互叠加。想象一下，你要用钢丝织出一小块布来。假如丝线是弯弯绕绕的，那么你永远也别想把它们整齐而又紧密地排列在一起。由于构成凯夫拉的原子比金属原子轻得多，因此，这种合成材料超级轻巧。但它却有令人难以置信的强度，少说也比钢坚固5倍。它最广为人知的应用大约要数防弹背心，不过，我们也能在一级方程式赛车车辆、战斗机、防火布料和滑雪板里见到它的踪影。

皮革

从粪便到假皮

胶原蛋白是人体内最常见的蛋白质。它是我们身体里最大器官的主要组成部分。这个器官就是皮肤。就连牛、羊和骆驼的皮也主要由胶原蛋白构成。在生物体死后，皮肤和身体的其他部分一样，都会腐烂。因此，如果想要把皮革保存下来，就不得不进行一番处理。从前，人们的处理方式是借助粪便、尿液和石灰。时至今日，这个过程不再那么令人反胃了。各种各样的制皮和抛光方法会带来五花八门的成品：有的柔软，有的坚硬；有的光滑，有的粗糙；有的暗淡无光，有的光彩熠熠。所有方法都会令胶原蛋白的结构发生改变，从而不再腐烂。

假设你想制造1千克的胶原蛋白，那你仅有一块皮革是不够的。就这种材料的特性而言，重要的不仅有分子结构，还有分子之间的相互作用。皮肤由纤维等构建而成，而纤维又是由一小束一小束的胶原蛋白分子组成的。如今，科学家们也已经对这类材料的分子组成有了相当程度的了解，甚至还尝试着仿制天然材料。问题只在于这类材料是否能迎合大众的喜好。反正，实验室已经成功地培育出了人造皮肤，用于皮革的生产。

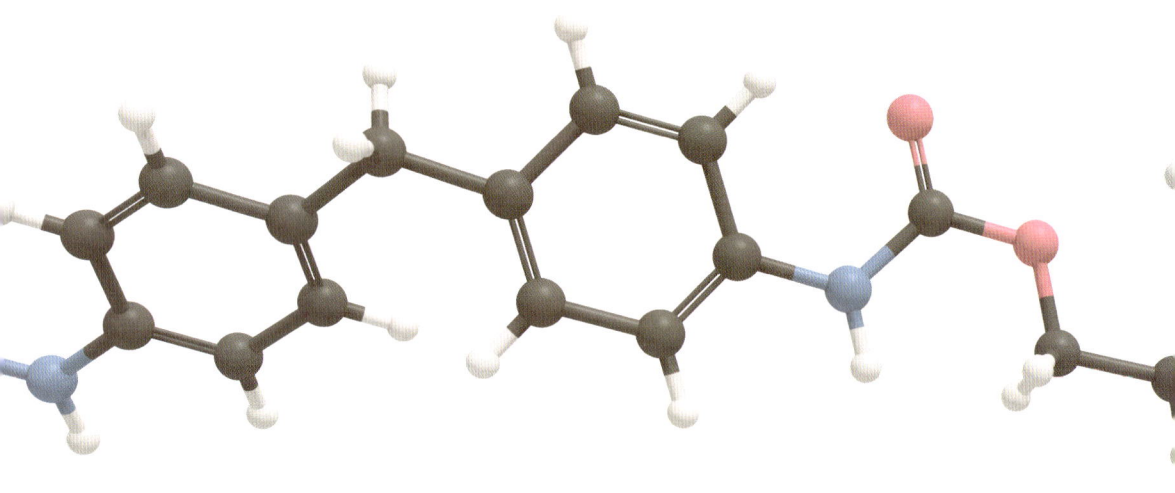

氨纶

荧光色的经典怀旧作品

　　1982年，简·方达（Jane Fonda）推出了她的首部健身操影片。通过这段影片，她不仅带动起成千上万的人参与运动，而且让自己成了20世纪最流行的时尚单品氨纶的代言人。

氨纶，又名聚氨基甲酸酯纤维或者弹性纤维（一种有弹性的纤维），它是一种聚合物，可以替代衣物中的橡胶。

　　氨纶是一种共聚物。所谓共聚物，就是由不同种类的单元所构成的聚合物。这种灵活变通的聚合物由聚氨酯和聚酯结合而成。这样的结合令氨纶轻巧且经久耐用，同时，它的长度还

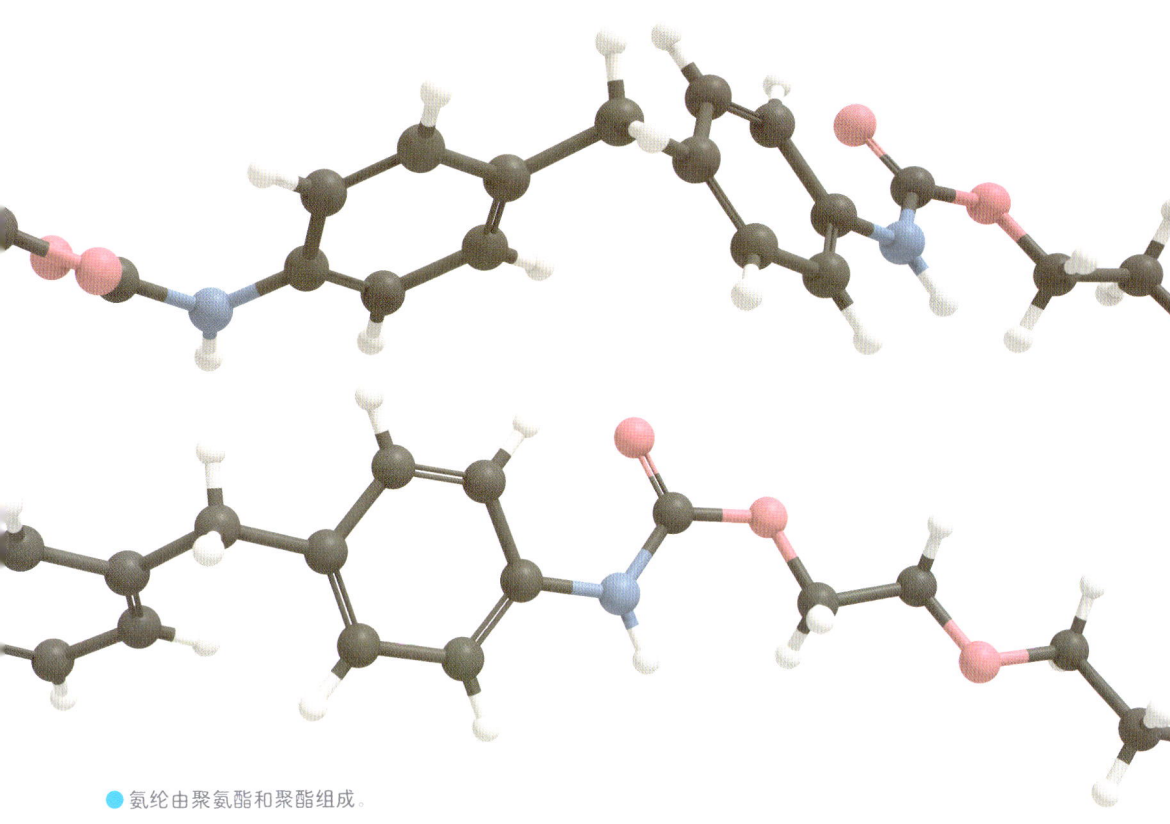

● 氨纶由聚氨酯和聚酯组成。

能延伸至原始长度的6倍。如果把氨纶和类似于棉花之类的物质纺在一起，就能产生一种弹性十足的布料。氨纶的应用在体育界获得了巨大的成功（例如骑行裤、滑雪服和泳装），自此以后，氨纶在业余运动爱好者中流行起来，人们尤其喜欢它与紧身裤、体操服和护腿带的结合。

当摇滚歌星们也开始穿上氨纶的时候，氨纶变得风靡一时。20世纪90年代，人们对于穿着荧光色紧身裤上街的行为早已见怪不怪。如今，一度大胆的用色有了些许收敛，但这令氨纶的受欢迎程度有增无减。我们的衣物中大多含有这种聚合物。

糖

　　玛丽·波平斯（Marry Poppins）早就唱过："一小勺糖把苦药送进嘴。"罗宾·舒尔茨（Robin Schulz）一度想要知道："糖啊糖，你怎么飞得这么嗨？"威豹乐队想要"往我身上撒点糖，噢噢噢，以爱之名"。而魔力红乐队也说过："想给我的生活来点甜头。"也许，糖是全世界被传唱最多的物质。从红辣椒乐队到艾萨·凯特（Eartha Kitt），音乐家们所唱的大概都是蔗糖——构成我们日常所用白糖的分子，但是，世界上还有许许多多其他种类的糖。那些种类的糖的受欢迎程度丝毫不逊色：玛丽亚·凯莉（Mariah Carey）就曾唱过关于果糖的"Honey"（蜂蜜），耐特·金·科尔（Nat King Cole）唱过关于淀粉的"You're the Cream in My Coffee"（你就是我咖啡里的奶油），纤维素更是美国传统歌曲 Cotton Eye Joe（《棉眼乔》）里的主题。就连化学家们也对糖赞不绝口，毕竟，它是一种十分多样化的分子。在这一章里，我们将一同探讨糖的一系列变体。

葡萄糖

精神食粮

糖是诸多相似分子广义上的名称。它们全都具有（有些是一个，有些是多个）环状结构和多个氧原子。葡萄糖是所有碳水化合物的根源。任何一类人体可以消化的糖最终都会被转化为葡萄糖。无论对于人类，还是对于动物、植物和细菌来说，葡萄糖都是最重要的燃料形式。植物在光合作用的过程中，将空气里的二氧化碳加工成葡萄糖，然后以长糖链的形式（淀粉或者碳水化合物）储存起来。当我们吃下这些植物的时候，就把葡萄糖一同摄入了体内。

无论什么时候，我们的血液里都有几克葡萄糖。因为它是我们细胞运行的基础，所以，它是人体不可或缺的。大脑尤其热爱葡萄糖。我们从糖分中摄取的能量，大约有一半都被大脑消耗了。名叫胰岛素的激素将葡萄糖从血液运送到细胞里。当葡萄糖水平维持在平均水平时，人体的运行状况是最好的。因此，当人体突然间摄入过多的葡萄糖时，胰脏就会释放出额外的胰岛素。这也许是因为我们吃了含糖量过高的食物，又或是吃了能快速转化成葡萄糖的碳水化合物（例如白面包、土豆和运动饮料）。当过量的葡萄糖被加工完成后，血液里依然有额外的胰岛素，这样一来，葡萄糖水平会在一段时间内低于平均值。正是因为这样，我们在喝完一听可乐后，经历了短暂的兴奋状态，紧接着又会陷入能量的低迷期。

我们的身体需要较长的时间才能将某些种类的食物（所谓的低升糖指数食物，例如全麦面包和蔬菜）转化成葡萄糖。当葡萄糖进入血液的速度较慢时，能量的波动起伏比较小，那么我们就更少感受到由于血糖下降陷入能量低迷的状况。

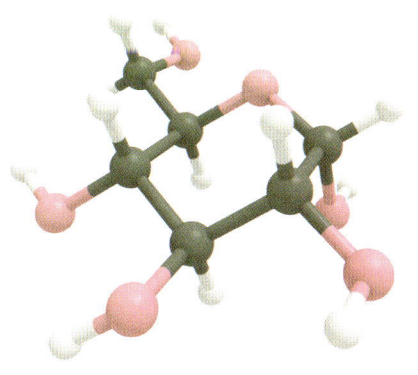

● 葡萄糖——人体的构成基石和燃料。

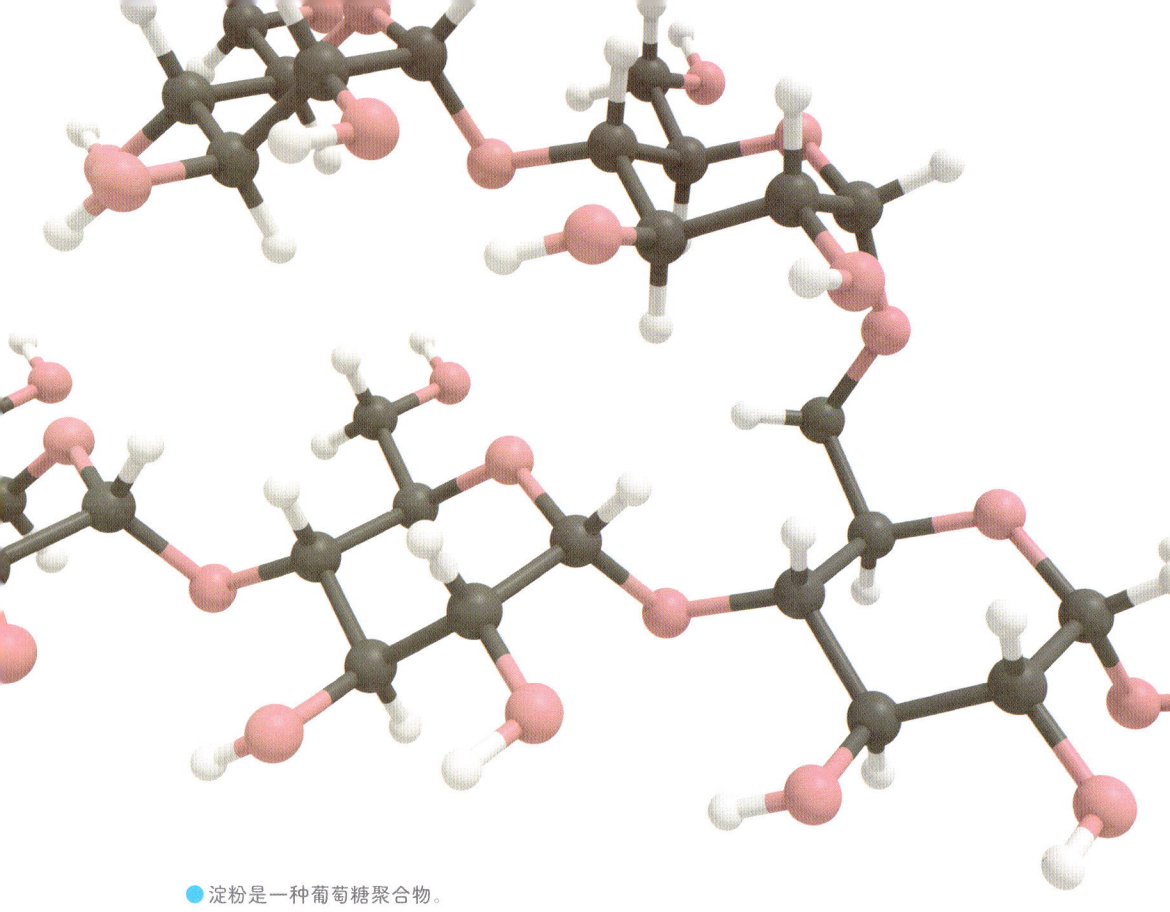

● 淀粉是一种葡萄糖聚合物。

淀粉

是朋友还是敌人？

　　美国的心脏病专家罗伯特·阿特金斯（Robert Atkins）坚信，碳水化合物是所有人类健康的天敌。他坚持自己的论点，并且十分令人信服，最终，他的书卖出 450 多万册，他本人也成为有史以来最流行减肥方式——阿特金斯减肥法的代言人。他所推崇的减肥法的核心思想是尽可能减少碳水化合物的食用。

　　碳水化合物这个术语几乎包含了一切含有碳原子、氧原子和氢原子的分子，但实际上通常指的是糖。淀粉是一种由葡萄糖组成的聚合物。这种物质是面包、意大利面、米饭和土豆里的主要组成成分，主要存在于所有植物性食物中。它既包含直接链接（直链淀粉），又包含分支链接（支链淀粉）。

在普通的减肥食谱中，我们日常摄入能量的1/2~2/3都是由淀粉提供的，因此，停止摄入淀粉能使体重下降听起来倒是十分合理。根据阿特金斯的观点，我们可以在停止摄入淀粉时不加限制地食用脂肪。他的这一结论从没得到过科学研究的证实（平心而论，几乎所有受到推崇的减肥方式都缺少这个步骤）。

淀粉里的葡萄糖单元的结合方式与纤维素里的不同。因此，我们的身体能够分解淀粉。然而，无论我们怎么努力，我们的身体都不可能分解得了木糠或是其他形态的纤维素。两个以相同形式结合的葡萄糖单元共同形成生物糖（双糖）——麦芽二糖（又称麦芽糖），它是在麦粒发芽的过程中所产生的。工业带来了淀粉的大规模生产，尤其是作为食物，同时它也是可生物降解塑料的组成部分。

乳糖

酸奶咖喱和椰奶的区别

我们对糖的喜爱从一出生就根植于心中。除水、脂肪、蛋白和抗体之外，（母）乳还含有百分之几的1,4-半乳糖苷葡萄糖，又称乳糖。乳糖是一种双糖，由葡萄糖和半乳糖结合而成。这种分子与其他所有的糖类一样，在我们的休内被转换为葡萄糖。这个过程的第一步就是将两个环断开。这个反应是由一种名叫乳糖酶的蛋白质催化完成的。

直到上一个冰河时代，两三岁的人就不再食用乳制品了，而蛋白质乳糖酶大约在8岁就停止分泌了。后来，农业逐渐取代了传统的狩猎和采集的生活方式，那时，人们突然拥有了奶牛，进而拥有了牛奶。他们通过发酵牛奶制造出奶酪和酸奶，于是，乳糖受到了部分分解，这样一来，他们就对牛奶制品耐受了。此后，在欧洲的某个地方，一部分人发生了基因突变，就算是更大年龄的人也能持续分泌乳糖酶，

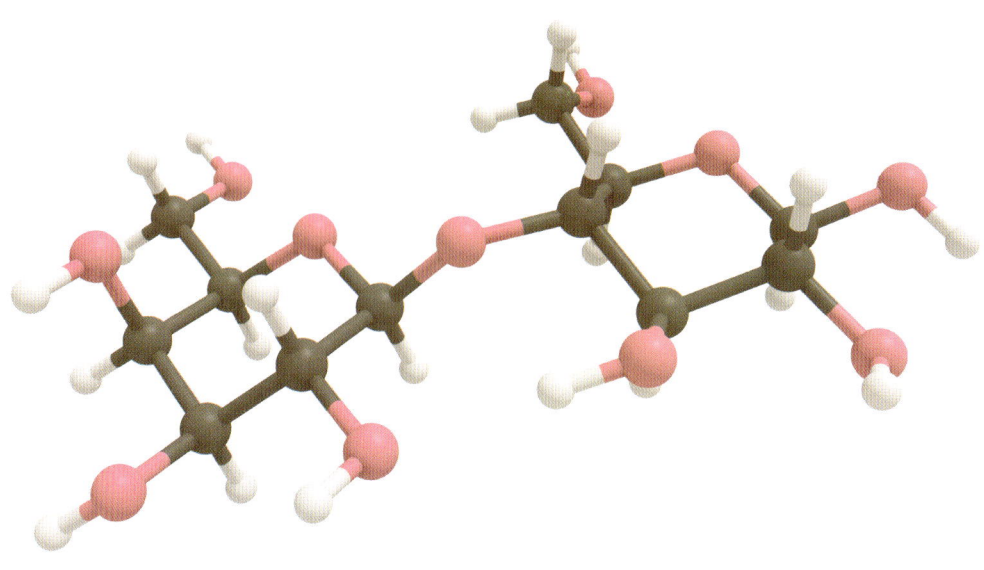

● 乳糖是由葡萄糖单位和半乳糖单位组成的。

于是人们可以简单地直接喝牛奶了。

　　这种基因突变的传播速度快极了，时至今日，欧洲西北部和西非地区、中东地区、喜马拉雅山南部地区的人们几乎对奶制品全都有了耐受性。

　　只不过，全世界 2 / 3 的人口依然乳糖不耐受。这些人无法消化乳糖，一旦喝下过量的乳饮，他们的肠胃就会出现不适。想要知道这种基因缺陷在某个地区是否是常见现象，只要看看当地人的菜肴就知道了。例如，在印度北部，人们常吃奶酪，咖喱中也会加入酸奶来调味。而在印度次大陆的南端以及东南亚，椰奶是标准饮品。

血型

存在于我们静脉里的俄罗斯轮盘赌

毫无疑问，糖是我们最重要的营养物。除此之外，糖的环状分子也是我们体内许多大分子的重要组成部分，例如 DNA 和 RNA。它们的全称（脱氧核糖核酸和核糖核酸）足以说明糖在它们结构中所占的重要地位。说到底，DNA 和 RNA 的"脊梁"就是磷酸盐和糖交错结合而成的化学链，分别是脱氧核糖和核糖。

红细胞的表面也能见到短糖链的踪迹，它就是所谓的抗原。直到 20 世纪初期，输血一直堪比俄罗斯轮盘赌。考虑到当时的医疗状况，任何一种需要输血的情形都可能使病人危在旦夕。况且，输血本身就可能导致血液凝结成血块，从而导致致命的后果。奥地利的一名医生卡尔·兰德斯坦纳（Karl Landsteiner）发现了问题的根源，以及最主要的血型 A、B、AB 和 O（我们通常称它为 O）型之间的差异。

每个红细胞上都有三种不同类型的抗原，即 A、B 和 O。AB 血型的人同时拥有抗原 A 和抗原 B。血液还含有抗体——保护血液不受细菌和病毒等侵扰的蛋白质。A 型血的人体内的抗体会与抗原 B 发生反应，从而导致血液凝结。有些抗体和抗原的组合随意混合，但是也有

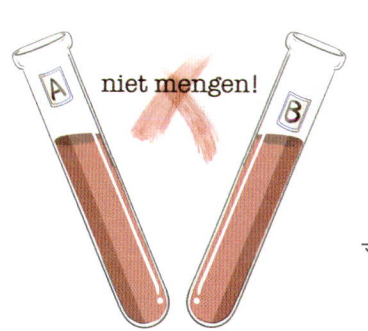

一些抗体和抗原一旦混合就会危及病人的生命。如今，我们已经充分了解哪些血液是可以混合的、哪些血液是不能混合的，所以我们再也不用担心血型不符所引起的溶血反应了。幸亏如此，否则，一旦到了需要输血的时候，就该方寸大乱了。

★ 图片上的文字：A 请勿混合！B

蔗糖

既纯净又天然

蔗糖大概是我们说到糖的时候首先想到的糖类。我们可以从糖用甜菜和甘蔗中提取到它。它的变体类型数不胜数。白砂糖、赤砂糖、红糖、冰糖、糖霜：它们全都是蔗糖的不同变体。从化学角度而言，这种分子不足挂齿：就是一个葡萄糖分子与一个果糖分子的结合。从政治和经济角度而言，蔗糖则举足轻重。

早在成千上万的奴隶被装船运往加勒比地区甘蔗种植园的年代，人们对蔗糖的渴望就已经影响了这个世界。人们也付出了相应的代价：患上肥胖症、龋齿和糖尿病。

甜是最令人愉悦的五种味道之一。它是幼童们爱上的第一种味道，就连我们的祖先也很喜欢这种味道。甜甜的浆果含有许多能量，而苦味却释放出有毒的信号。在荷兰，平均每人每年消耗24千克糖，而这个数字还在不断增长。也许，这个数字看起来并不是太惊人，可是，一天三次往咖啡里加两块方糖是远远达不到这个程度的。仔细想一想吧。你什么时候才会吃白砂糖？24千克中的绝大部分出自精加工的产品：从薯片到方便食品。制造商们往最让人意想不到的产品里加入了蔗糖。我们一不留神，就摄入了过多的糖分。对于坚持"纯天然"饮食的人们来说，糖简直就是上天赐给他们的礼物。当然，蔗糖来自植物，几乎没有其他任何一种食物能与白砂糖相提并论。

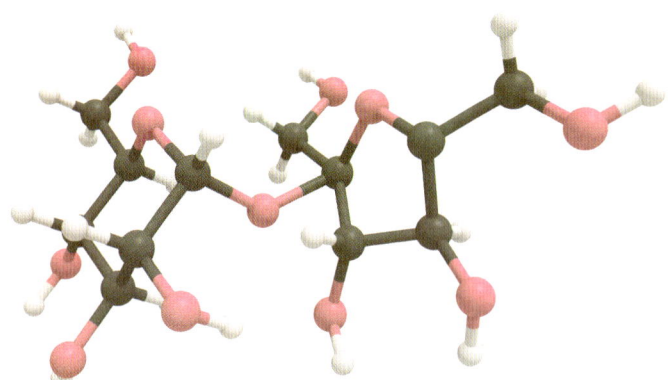

● 蔗糖——葡萄糖和果糖的结合。

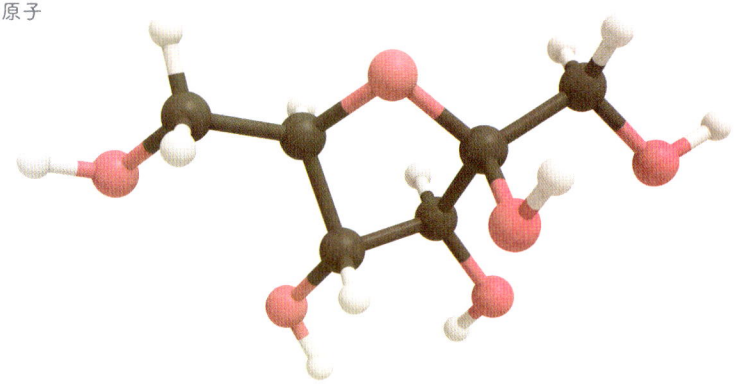

● 果糖与葡萄糖的构成原子
相同，但结构不同。

果糖

给精子细胞加油

除葡萄糖之外，果糖也是蔗糖的另一个组成部分。这种分子被认为是来自水果的糖，常见于蜂蜜、水果和鲜花。它比葡萄糖更甜一点，因此，想要达到相同的甜度，用到它的分量更少一些。在欧洲，可乐和其他软饮料所使用的糖大多都是果糖。可是，在美国，人们所使用的却是高果糖浆。那里的高果糖浆是用玉米淀粉制成的，他们能通过工业手法将玉米淀粉转化成纯葡萄糖。接着，一部分葡萄糖转化成果糖，这样一来，最终的成品里果糖/葡萄糖的配比与蔗糖就相差无几了。

近年来，高果糖浆声名狼藉。从化学家的角度看，这一切难以理解。当我们把它吃进肚子后，身体会立即将它分解成葡萄糖和果糖。从结构上看，出自水果的果糖和出自高果糖浆的合成果糖自然是一模一样的。说到底，葡萄糖是我们体内一切细胞的驱动力，所以说，身体最终也会将果糖转化成葡萄糖。一个例外是人类体内最小的细胞——精子细胞。它把果糖当成自己前进的燃料。

水

　　有些分子的身世比其他分子更有意思，然而，有一种分子却从史前时代开始就深深吸引着人类的目光。它无处不在，又必不可少，无数的文明和宗教都将它看得无比神圣。按照柏拉图的观点，它是构建这个宇宙的五大物质之一。在我们的身体里，它的比重达到70%；在我们的行星上，它覆盖了71%的面积；它还是生命起源的媒介。它就是水。

　　水是宇宙万物中最奇妙的分子。我们的饮食离不开它，农业离不开它，唤醒能量离不开它，就算是在休闲时刻，我们也喜欢去寻找一大片水域游泳或者扬帆起航。当它冻结的时候，我们可以在它的表面滑冰。在荷兰这样的地方，我们很容易把水的存在视为理所当然。反正这里随时随地都有水，雨下得太大时，我们甚至还嫌它多呢。在这一章里，让我们一同去探寻水的奥秘。

土臭素

水的气味和滋味

当蒂尔堡[1]的一所学校明令禁止家长给孩子带饮料后，某位家长气不打一处来，发表了一番令人诧异的言论，"我的儿子哭着回到家，说他不喜欢喝水。我也从来不要求他喝水。水是给狗喝的"。在羞辱了几乎全世界的所有人之后，这位父亲提出了一个耐人寻味的问题：他的孩子会不会真的不喜欢水。

大多数人都将水描述成无味的，但是，对于小部分人来说，说水"苦"或者"酸"更加恰当。这个话题十分具有争议性，可是，一位美国的研究人员认为这是能够解释得通的。口水带有些许的咸味，但是，由于我们的味蕾早就已经习惯了，所以，我们尝不出它的味道。当中性的水把口水从舌头上冲走时，一时间，味蕾会过度补偿，使水的味道显得苦或者酸。这种效应与喝一勺柠檬汁后吃一口巧克力的效应相类似。第一口简直甜得发腻。

关于水的气味，人们鲜少争论。土臭素是一种由位于水底的细菌生产出来的分子。每当倾盆大雨浇灌大地时，这种分子就会释放到空气中。这时，它所滋生出来的芳香叫"潮土油"（petrichor）。在希腊语里，这个词是petra（"石头"）和ichor（"诸神的血液"）这两个词的结合体。大雨过后，我们就能"闻到水的气味"，难道不是吗？

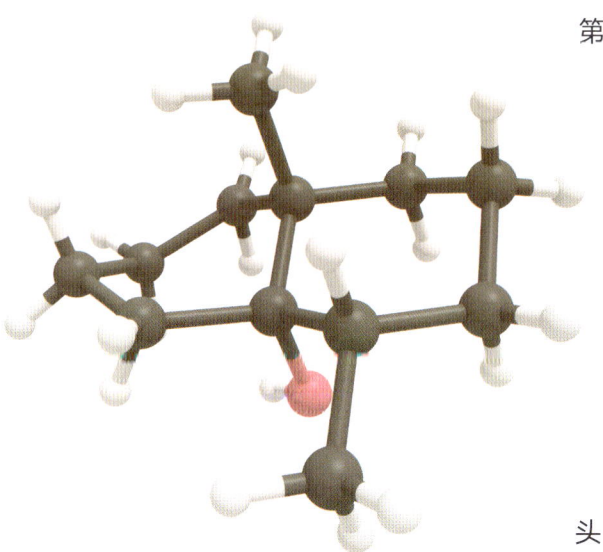

● 土臭素有两个环和一个羟基，它是一种环状醇。

---

1 译者注：蒂尔堡，系荷兰南部城市，位于荷兰北布拉班特省的中心。

水蒸气、水和冰

金发姑娘和三只小熊

"哎哟，"金发姑娘惊叫一声。她手里的勺子滑落到地上。"粥太烫了！"

她尝了尝中碗里的粥。可是，那个碗里的粥太冷了。

然后，她从小碗里舀了一勺粥。"嗯……"她说，"这碗粥的温度刚刚好！"于是，她把这碗粥吃了个精光！

宇宙很大，大到无法想象。因此，即便宇宙中有另一种生命体的存在，也不奇怪。对于这个可能性，天文学家们的说法不一。可是，这些人当中有乐观的研究人员，他们一定会对这个问题进行研究。对于地球上任何一种形态的生命体而言，水都是不可或缺的。从理论层面上说，自然也有可能存在某种基于另一种物质而存在的生命体。怀揣着也许有朝一日可以开拓殖民地的梦想，人们把关注点放到了其他（有可能）存在液体水的星球上。这就产生了一条十分简单的限制要求：这颗行星必须具备储存液体水的温度。因此，寻找生命体的旅程把目标瞄准了"金发姑娘地带"。每颗恒星都伴随着这样一个区域。我们所在的太阳系里，地球和火星恰好就位于这个区域。这与《金发姑娘和三只小熊》故事里的粥如出一辙：这里不太热，也不太冷，温度刚刚好。

● 有了氢键，冰里的水分子就会牢牢地固定在自己的位置上。

就算行星在理论上具备储存液体水的条件，也并不意味着那里就是一个适合生存的环境。就以火星为例，那里几乎没有任何大气层。任何液体水都会在太空里消失得无影无踪。

氢键

泰坦尼克号的致命结合

1912年4月14日的深夜，泰坦尼克号在大西洋冰冷的水域里沉没了。很大一部分乘客也都随它而去。许多书里都详细记载了这艘"永不沉没"的船最终沉没的原因，但是，有一个祸根却常常被人们遗忘，它就是氢键。

我们对水过于习以为常了，因此，我们常常忘记水是一种十分古怪的液体。看看它的熔点和沸点吧。一般情况下，它们与分子量是成正比的。在重量完全相同的情况下，水的沸点至少比甲烷高260摄氏度。通常情况下，甲烷和其他一些极小的分子在室温环境里是气态的。产生这种极端差异的原因在于分子间的相互作用。零星的分子当然不会彼此连接，但是，它们却会相互吸引，就像一堆磁性很弱的磁铁一样。这样的相互作用令同一物质里的分子聚集在一起。假如没有它们，宇宙就会变成一团巨大的分子尘埃。

固体、液体和气体之间的区别主要在于分子之间的紧密程度。想要让液体变成气体，就需要借助能量（以热能的形式）拉开分子间的距离。仅仅由碳原子和氢原子构成的分子之间的相互作用是最弱的。因此，我们只需要用很少的能量就能把甲烷分子拉开。所以，甲烷会在非常低的温度下转换成气体。

最强烈的分子间的相互作用之一就是氢键。许许多多分子都有官能团，可以组成一个氢键（例如乙醇官能团、胺官能团或羧酸官能团），可是，在水分子里，任何一个原子都能参与到这组结合中。因此，我们需要更多能量才能把液态的水分子分开，因此，同样是小小一个分

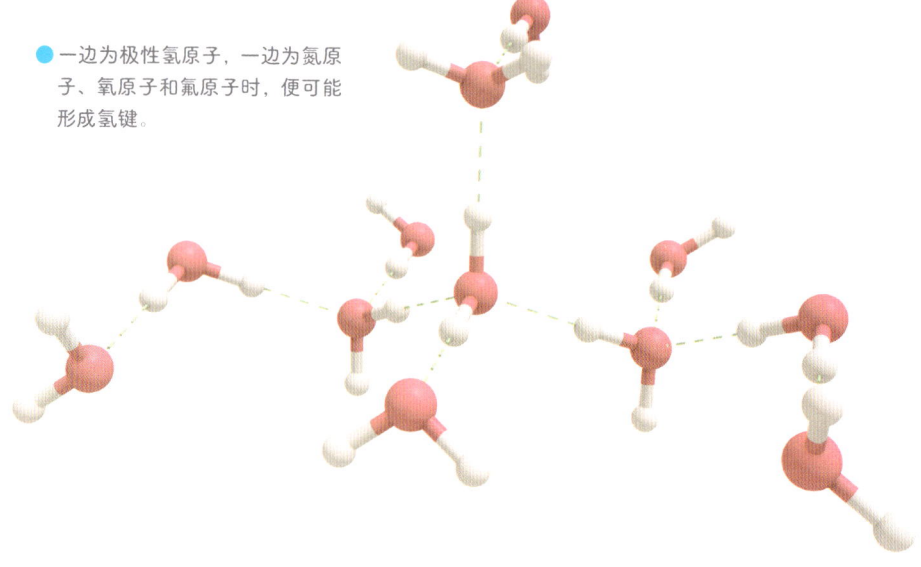

● 一边为极性氢原子，一边为氮原子、氧原子和氟原子时，便可能形成氢键。

子，水的沸点高得出奇。由于水分子是三角形的，所以，大量分子结合后便会组成一个立体的蜂窝形状。这个结构井然有序，就连肉眼都能看得见：所有的冰晶都是六边形的。

一般情况下，在固体里，分子与分子之间挨得紧紧的，密不透风。因此，相同的体积内能装下的分子数量也就更多，于是，固体的密度也就比液体更大。由于分子所处的结构整齐划一，因此，冰里有不少未被利用的空间。这么看来，水是一个罕见的特例：它的固体形态比液体形态更轻。因此，冰会漂在水面上。这便是泰坦尼克号与冰山致命一击的间接原因。假如海洋里灌注的不是水，而是别的什么分子，这艘船就能安安稳稳地抵达纽约了。

重水

有关过重的问题

最早关于原子的定义将原子解释为不可再分的基本微粒，换句话说，它是世界上所有物质中最小的存在。时至今日，关于原子的描述仍复杂无比，足足能写出一整部百科全书来。

上述两个模型之间曾出现过卢瑟福的原子模型，这个模型对于我们理解原子的概念来说，是一个最好的起点。对我们来说，它也许是最适合用来开启这个概念的。欧内斯特·卢瑟福（Ernest Rutherford）被誉为"核物理学（专门研究原子核的学科）之父"，大约100年前，他为此创建出一个模型。这个模型很能激发想象，因此得到了广泛的应用：从美国原子能委员会的徽标到情景喜剧《生活大爆炸》的片头，它可以说是无所不在。

原子是由三部分组成的：带负电的电子、带正电的质子和电中性的中子。电子几乎没有任何质量；质子和中子的质量约为 0.000 000 000 000 000 000 000 000 16（1.6×10^{-25}）克。显然，这个数字十分麻烦。于是，为了方便，我们就以1代表质子和中子的质量。一般情况下，原子都是中性的，因此，它所含有的电子数量与质子数量相同。在卢瑟福的原子模型里，质子和中子密切地存在于原子核里，电子围绕在原子核的周围，如同行星围绕着太阳一般。

化学元素周期表是根据中性原子所含的电子数量和质子数量进行分布的：氢各含1个，氦各含2个，以此类推。大多数氢原子都没有中子（即质量为1），但是，大约每6 500个氢原子中就会出现一个带中子的氢原子（即质量为2）。我们称这个原子为氘（D），其主要化合物为重水（即 D_2O）。重水应用于核反应堆和氢弹的生产。

重水的属性与普通的水几乎没有区别，可是，构成它的氢键却更强一些。重水的凝固点略高一些，是3.8摄氏度。蛋白质的形态很大程度上取决于其分子不同部分之间以及与溶液中的水分子之间形成的氢键。小小的干扰就会对结构产生巨大的影响。因此，当人体内重水的浓度过高时，它是有毒的。

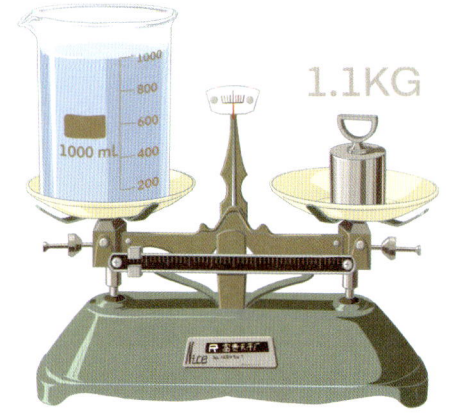

E编码

　　E编码是欧盟为各种食品添加剂编订的编码。它们包括了各种色素、增稠剂、乳化剂和防腐剂。一旦分子经过严密的测试，被认定为安全可食用，那么它们就能获得E编码。矛盾的是E编码臭名昭著。人们对"天然产品""没有食品添加剂"的需求越来越大。对于制造商来说，这当然是一件很麻烦的事情：没有E编码，该怎么生产甘草糖、蛋黄酱和冰激凌呢？如今，超市里满满都是"无E编码"的产品。这些商品的标签上没有E编码。那么它们的标签上写了些什么呢？是E编码的某个听起来人畜无害的名字，也有实际上含有E编码的某种"天然"食品添加剂。尽管我们在这一章里只能探讨一部分E编码，可是，这并不是本书的全部。其他章节里的诸多分子，尤其是与食品相关的分子，也有E编码。毕竟，只要是安全可食用的产品，就都能获得一个E编码。

E160d：番茄红素

西红柿中含有能对抗"分子破坏球"的成分

近年来，"抗氧化剂"这个词逐渐成为一个有魔力的术语。它一出现就和"维生素""矿物质"一样，立即被默认为健康食品。20世纪90年代，这个词作为一种新的健康潮流而兴起。

当暴露在阳光下或接触有害物质时，可能会产生自由基。除此之外，人体也天生就会产生这种物质。它是反应活性极强的分子碎片，几乎能与我们体内的所有东西发生反应，而后恢复稳定状态。当一个自由基与DNA发生反应时，就有可能生成癌症。自由基还会促进胆固醇堵塞血管。

抗氧化剂是一种含有许多双键的分子，自由基尤其喜欢与它发生反应。它们发生反应的结果就是自由基失活，进而生成无害分子。科学研究暂时还无法证实抗氧化剂能对由自由基引起的疾病提供专门的保护作用。但是，多吃蔬菜和水果十分有益于健康，因为蔬菜和水果里含有大量的抗氧化剂。以番茄红素为例，它就是令西红柿浑身红彤彤的原因。碰巧，它也是一种抗氧化剂。维生素A、维生素C和维生素E也同样可以作为抗氧化剂使用。我们还发现，枸杞、阿萨伊浆果这类超级食物里也含有大量的抗氧化剂。对我们的钱包来说，还有一个很好的消息：这种物质同样存在于苹果和西红柿等常见食物里。

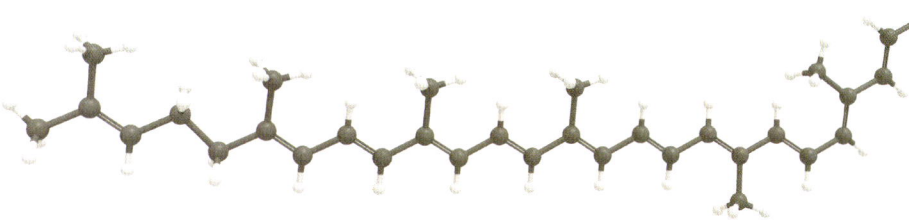

● 番茄红素含有40个碳原子和13个双键。

E621：味精

中餐厅综合征

除甜、酸、咸和苦之外，我们还能辨识出第五种基本味觉。鲜（这个词来源于日语里的咸）是一种类似于肉的味道，常见于高蛋白的食物中，例如蘑菇、奶酪和肉。1908年，日本化学家池田菊苗从海带汤里提取出了一种名为谷氨酸钠的物质。这种物质也被称为"味精"，意为"味道之精华"。要知道，味精不仅增添了鲜的味道，它还令咸味和甜味愈发可口：它是一种风味增强剂。

谷氨酸钠曾是一种臭名昭著的物质。它的恶名始于1968年《新英格兰医学杂志》收到的一封来信。一位读者在信里自称患上了"中餐厅综合征"的毛病，换句话说，每当他吃过中餐，就会感到头晕心慌。他很想知道罪魁祸首是不是味精。这种分子因其能增强风味的特性而广泛为中（外卖）餐厅使用。50年过去了，我们依然没能找到中餐厅综合征和味精（正常）食用之间的联系。可是，名誉的损坏已经造成了。谷氨酸钠是千千万万无缘无故被贴上"不良"或是"有毒"标签的分子的典型。

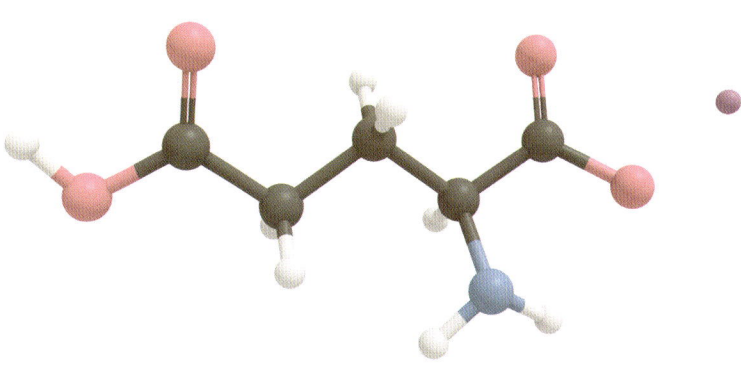

● 谷氨酸钠是一种谷氨酸的钠盐。

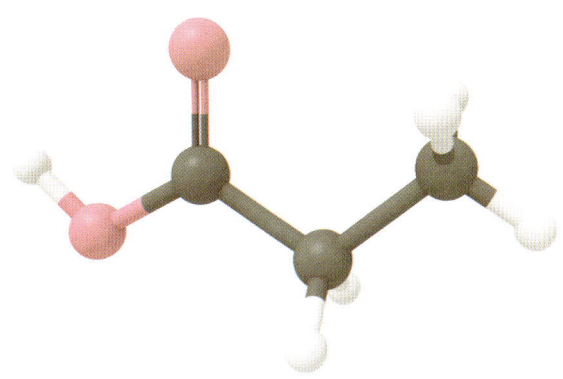

E280：丙酸

奶酪里为什么有洞

　　埃普瓦斯奶酪是产自法国的一种奶酪，它是用牛奶做成的，因为它是流心的，相比于用刀切，它更适合用调羹挖着吃，所以，它也被称为"调羹奶酪"。如果你很喜欢这种奶酪，可你的室友却不喜欢，那么你最好把它装进密封的盒子里，再放进冰箱里保存。要知道，和许多美味的奶酪一样，埃普瓦斯奶酪的气味十分刺鼻，堪比脚臭。当然，其中的原因也可以从分子的层面得到解释。丙酸是由遍布在我们皮肤上的痤疮丙酸杆菌产生的。这种分子要对臭汗般酸津津的气味负很大责任。

　　奶酪工厂甚至刻意地往瑞士奶酪里加入痤疮丙酸杆菌。当乳糖在另一种细菌的作用下转化成乳酸后，痤疮丙酸杆菌就会把这些乳酸转化成丙酸和CO_2。丙酸为奶酪增添了坚果般的味道（以及汗味），而CO_2气体则会变成小泡泡，从而形成广为人知的洞洞。丙酸还具有适合长时间保存的特性，因此，我们也能在面包和面包房生产的其他食品中见到它的踪迹。它能杀死真菌和马铃薯杆菌——一种会引起所谓的"面包病"的细菌。幸好，想要有效地杀死真菌并不需要太多丙酸，毕竟，如果刚出炉的面包散发着一股脚臭味，一定会很倒胃口。

E171：二氧化钛

维米尔笔下的牛奶是怎么保鲜的

在 E 编码的 100~200 位，排列着食用色素。这几十种五花八门的分子全都用来让食物看上去更加美味可口。在这些颜色之中，二氧化钛是极其重要的。直到 20 世纪 20 年代，最常用的白色色素是碱式碳酸铅（铅白）。铅白是一种纯净的暖白，还十分经久耐用。因此，我们直到今天还能继续欣赏维米尔的《倒牛奶的女仆》《小街》等画作。由于当时的人们崇尚洁白的面容，所以，粉底里也常常含有铅白。只可惜，铅的毒性很强。在最极端的情况下，铅白的使用会导致死亡。因此，如今，铅白几近无处售卖，基本被钛白（二氧化钛）替代了。

除色素的功能之外，二氧化钛对于防晒也有奇效。防晒霜里的活性物质可以使用有机分子，它们能吸收阳光，将光能转化成热能。二氧化钛一类的无机物质也能做到这一点，另外，它们还能反射一部分的阳光。作为色素，钛白的特性无与伦比，因此，时至今日，它仍是最常用的色素。只要是白色的东西，大多都含有二氧化钛：从油漆到口香糖，从纸张到牙膏，比比皆是。

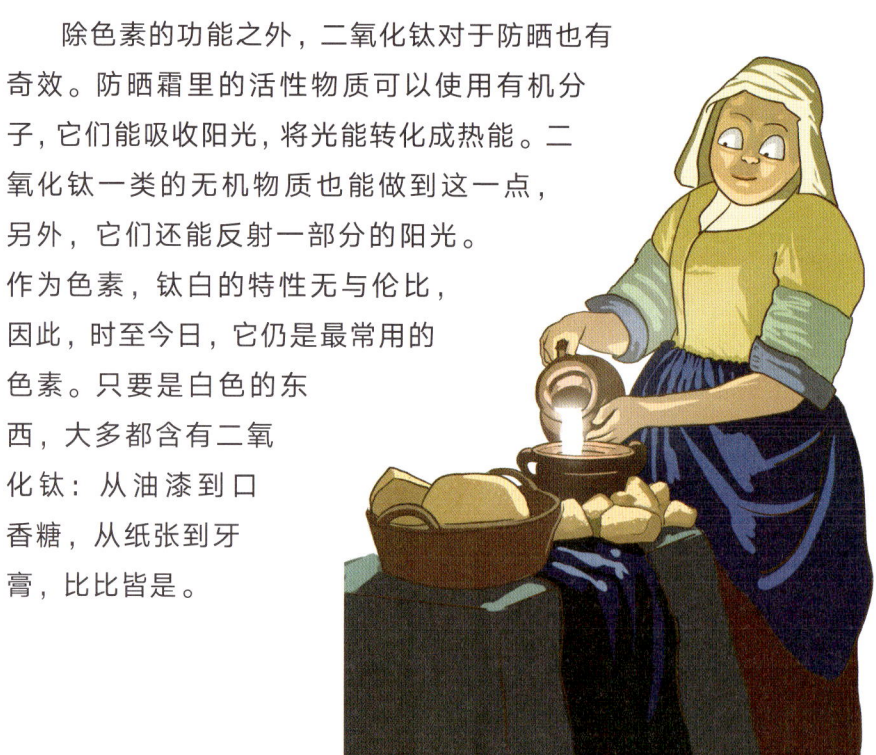

E948：氧气

无E编码生活的危机

无E编码的生活是大量健康博主所倡导的生活方式，可是，从实际层面而言，这并不可行。如果离开了E编码里的E101、E300和E306号（维生素A、维生素C和维生素E），那么，我们分分钟就会死于中世纪的各种病症。

而离开了E948，就更是灾难性的打击。用不了几秒钟，健康专家就会觉得喘不上气，紧接着便失去意识。短短几分钟之后，所有器官都会衰竭，最终死亡。E948是一种填充气体。它能加速腐烂，因此，直接使用纯的E948并不合适。通常情况下，它会和少量其他的填充气体混合使用。对于某些种类的细菌，即厌氧菌来说，这种物质是致命的。

E948就是氧气。另外，就连氮气——大气层的另一种主要组成成分，也同样拥有一个E编码。而其他一些不那么特别的元素，例如脂肪酸、焦糖、乙酸、柠檬酸和迷迭香精油，也都无一例外地拥有E编码。因此，我们最好对"无E编码"这种说法保持怀疑态度。

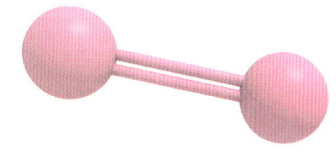

● 正如大多数气体那样，氧气也是一种小分子。

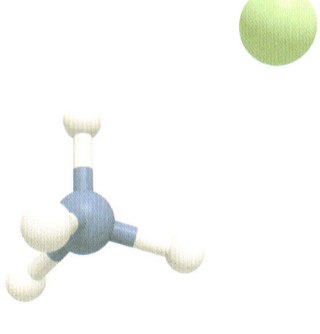

● 卤砂是由铵离子和氯离子构成的。

E510：氯化铵
——燃烧的粪便，美味的国宴

在外国人的眼中，荷兰并不是一个充满传统美食的国度。当然，我们也有一些传统名菜，就算是意大利人或者日本人也不敢对它们嗤之以鼻，例如荷兰炸肉丸和糖浆华夫饼。可是，一说到我们最受欢迎的糖果，那就不好说还能剩下几个粉丝了。

甘草糖在整个欧洲和北美地区都广受欢迎，可是，我们的咸味甘草糖却只在荷兰、德国北部和斯堪的纳维亚地区才出售。在荷兰，我们不仅在咸味甘草糖里加入食盐，甚至还往里加入了氯化铵。据说，埃及的祭司在神祇阿蒙（Amon）的殿宇里制出了这种物质，因此将它命名为氨盐（Sal Ammoniac）。我们现在常说的卤砂有一种味道，并不是每个人都能习惯这种味道。如果不是从小就吃，往往会觉得不适应。在芬兰，人们一见到它就无比狂热。无论是小孩还是老人，每个人都钟爱"萨尔米亚基"（咸甘草糖）。

卤砂要么是由氨和盐酸制成的，要么是化学工业在生产其他产品时得到的副产物。这听起来似乎不太美味，可不管怎么说，它都比另一种选择更有吸引力。氯化铵的传统制造方式是从燃烧的粪便中提取。

药品

　　在过去的200年间，化学界的发展对医学起到了巨大的推动作用。直至1800年，人类都十分依赖天然产品。那时候的人们用柳树皮治疗疼痛（十分有效），抓一只活鸡绑在身上防治鼠疫（对病人来说倒是没什么，就是鸡比较遭罪），吃与患有疾病的身体部位最为形似的植物（有可能带来生命危险）。如今，我们从植物中提取出了效果良好的物质，精确地判断病人需要多少剂量。更有甚者，我们还能对分子结构做出细微的调整。很多时候，新创分子的效用似乎比天然物质的效用更好一些。又或者我们可以通过合成的方式制造出数不胜数的相似分子，以极快的速度进行筛选，从中识别出效用最好的物质，对其加以使用。尽管我们不断进行革新，可是，大量药物依然来源于大自然，又或是从天然物质中提取出来的。有些天然产品极其复杂，所以我们无法有效地仿制生产。在探寻新药品的路上，大自然依然是我们灵感的终极来源。

吗啡

面包架上的药物

我们无论如何都不能将吗啡作为药品中的首选。罂粟是吗啡的天然原料。有证据显示，人类最早对这种植物的提炼使用可以追溯到5 000多年以前。在长达几个世纪的时间里，人们一直把使用吗啡视为缓解人类所受病痛的（临时的）办法。只可惜，这种物质的成瘾性很强，因此，多年来，科学家们一直致力于寻找一种替代品。在现实生活中，吗啡依然是医学上最常用的止痛药。这就足以证明我们的探寻之旅尚未成功。

鸦片制剂（从吗啡里提取出来的物质）的药效和成瘾性仿佛是不可分割的。假如某种类似吗啡的物质具有较低的成瘾性，那么它的功效也就相对差一些，就像可待因一样。像海洛因一般效力超强的止痛药里相应含有成瘾性更强的物质。吗啡是禁止以休闲消遣为目的出售的。如果你要进行药物测试，那么最好对你早餐所吃的面包多加小心。别忘了，罂粟籽来自罂粟，里面含有分量不轻的吗啡。*

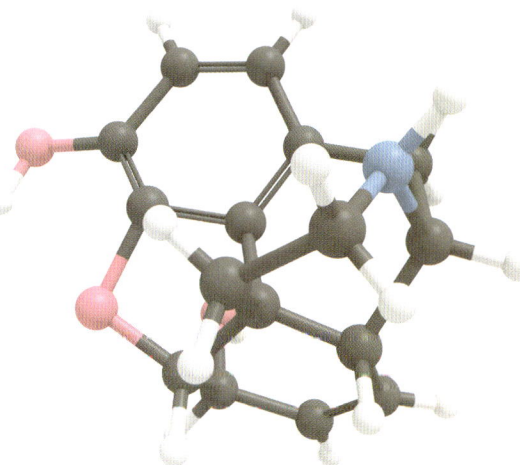

● 1805年，德国的一位药剂师提炼出了吗啡，并参考古希腊的梦神摩耳甫斯的名字为它命名。

---

* 在荷兰，罂粟籽被广泛作为调料使用，但也有严格的管控措施。在中国，出于安全考虑，罂粟籽被列为违禁品，严格管控。——编者注

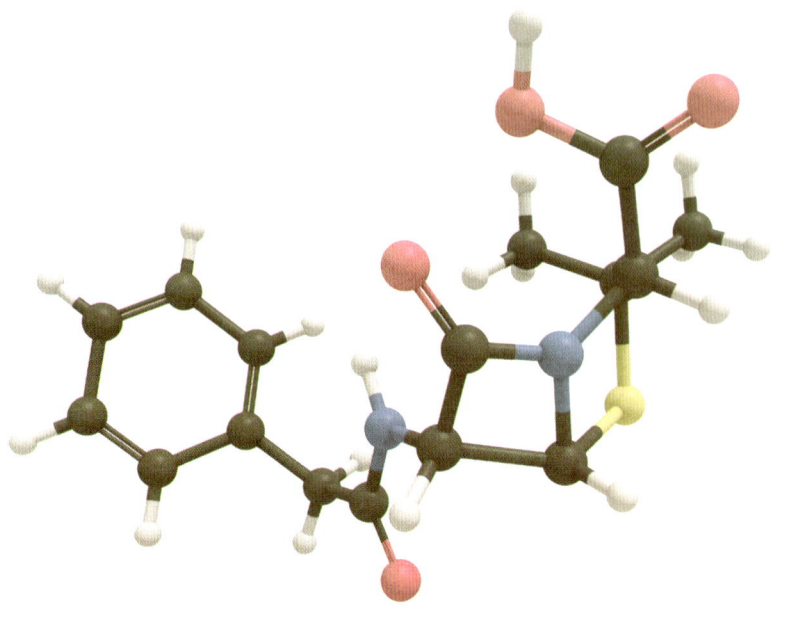

●苄青霉素，又称青霉素G。

青霉素

一间肮脏不堪的实验室是如何拯救成千上万条生命的

照片上的实验室总是干干净净、一尘不染的，事实上，并非所有的实验室都那么干净整洁。也幸亏如此。要知道，某种20世纪最重要的药物就是由一位邋遢的科学家发现的。

亚历山大·弗莱明是一位苏格兰的科学家。1928年，他对葡萄球菌进行研究。有一天，他在自己的实验室里找到了一个发了霉的培养皿。这是一种扁平的器皿，专门用来培养细胞和微生物。令人诧异的是，发霉的地方周围并没有出现菌落。弗莱明发现，这种霉不仅避免了细菌的滋生，甚至还杀死了细菌。经过进一步的研究，他在霉里发现了导致这一现象出现的始作俑者——青霉素G。

青霉素G和相关的分子突破了细菌的细胞壁。一个细菌只含有一个细胞，因此，看起来就像是这种药物特意阻止细菌"长出皮肤"。这样一来，细菌就无法在没有"皮肤"的情况下存活了。青霉素的发现引发了卫生保健领域的彻底变革。

在此之前，人类不幸感染了细菌，即使是一个皮肤表面的创口也可能导致死亡。直到不久之前，肺炎还是一种会带来生命危险的疾病。在两次世界大战期间，大部分的伤亡不是由战斗引起的，而是由疾病和感染导致的。一时间，所有这些问题都迎刃而解。

毫无疑问，青霉素拯救了成千上万条生命。要不是因为最初的几年这个重大的发现被埋没了，这个数字还会更大。亚历山大·弗莱明是一位才华横溢的科学家，只可惜，他不太擅长撰写引人注目的论文。

阿司匹林

纯天然的药品变成制药

早在几千年前，人类就已经开始截取柳树的部分，当作止痛药使用。希波克拉底[1]曾记载把柳树皮磨成粉，治疗流感和疼痛。不少古罗马作家也都推荐用柳树叶的提取物来治疗炎症和轻微的疼痛。18世纪，研究人员在柳树皮里发现了一种名为水杨酸的物质。没过多久，化学家们就在实验室里复刻出了这种物质，从此，它被当作止痛药得以广泛应用。由于水杨酸的味道很苦，还有一些凶险的副作用，因此，科学家们很快就着手寻找一种替代品。

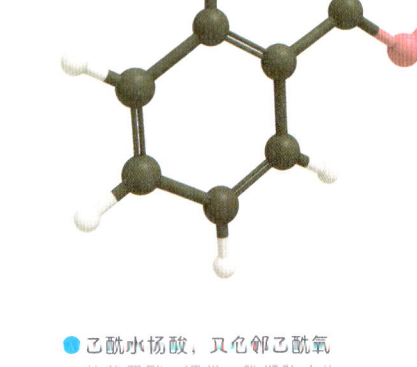

● 乙酰水杨酸，又化邻乙酰氧基苯甲酸，通常，我们称它为阿司匹林。

---

1 译者注：希波克拉底（前460—前370）为古希腊的医师，被西方尊为"医学之父"，是西方医学奠基人。

乙酰水杨酸是一种与水杨酸十分相似的物质。19世纪末，德国公司拜耳以阿司匹林为商标，把这种药推向市场。除缓解疼痛的作用之外，阿司匹林还能降低血小板聚集的风险。

对于某种特定心脏疾病的患者，医生也会给他们开出一个每天服用的低剂量。

阿司匹林的巨大成功令拜耳公司迅速发迹，目前，它已经发展成为全世界最大的制药公司之一。阿司匹林的成功反而给它带来了"小麻烦"。因为这种止痛药太受欢迎，人们甚至直接用"阿司匹林"来代指所有止痛药，就像"邦可"工具、"极可意"浴缸和"膳魔师"保温杯一样——这些品牌名称不知不觉都成了同类产品的通用叫法。

炔诺酮

性革命的催化剂

几百年来，女性一直使用形形色色的家庭用药避免怀孕。只不过，这些药品并不全都有效。直到口服避孕药问世，避孕的药物这才得到广泛的应用和安全的购买。避孕药的主要成分是

● 炔诺酮是一种效仿孕酮制成的合成甾体。

所谓的甾体激素，我们体内的性激素也是其中的一种。

孕酮是一种激素，主要产生于女性体内。它会抑制排卵，增加精子进入子宫的难度。女性怀孕期间，身体会额外释放出许多孕酮，以此避免二次受精。按照这个逻辑，孕酮能管理女性的身体，从根本上避免她们受精，似乎也合情合理。假如口服孕酮，那么孕酮还没来得及生效，就已经被人体分解了。20世纪50年代，炔诺酮被发明出来，它是一种与孕酮十分相似的分子，拥有相同的功效，但是，它却能抵御消化作用。

时至今日，避孕药种类多样，只不过，它们全都含有炔诺酮或是与它相类似的物质。自口服避孕药问世以来，女性可以自行决定是否怀孕以及何时怀孕。毫无疑问，这进一步推动了女性解放运动。可以说，炔诺酮这种分子是20世纪一场举足轻重的社会变革的推动力。

伟哥

仓鼠的生理反应里藏着对抗时差的"小秘密"

在科学的世界里，研究结果鲜少与预期相一致。我们总是祈求一切顺利，可是，很多时候，这个顺利的结果往往是偶然得到的，并不是经过深思熟虑、精心设计的产物。20世纪90年代初，研究人员测试了一种治疗心脏疼痛——心绞痛的新药品，这项测试算不上成功，可是，一些测试对象表示自己的勃起变得频繁。最终，这种物质还是被送到了市场上。

伟哥的出现轰动一时。如今，它依然是治疗勃起功能障碍的常规药物。黑市上也能见到这种人尽皆知的蓝色小药丸，那里的人们将它们与某些会带来临时性勃起功能障碍这种副作用的药物捆绑销售。女性有时也会来上一剂，她们相信，伟哥能提升她们的性冲动。

2007年，一项针对伟哥的研究获得了搞笑诺贝尔奖。搞笑诺贝尔奖是一个为一开始觉得好笑，继而引发人们思考的研究而设立的奖

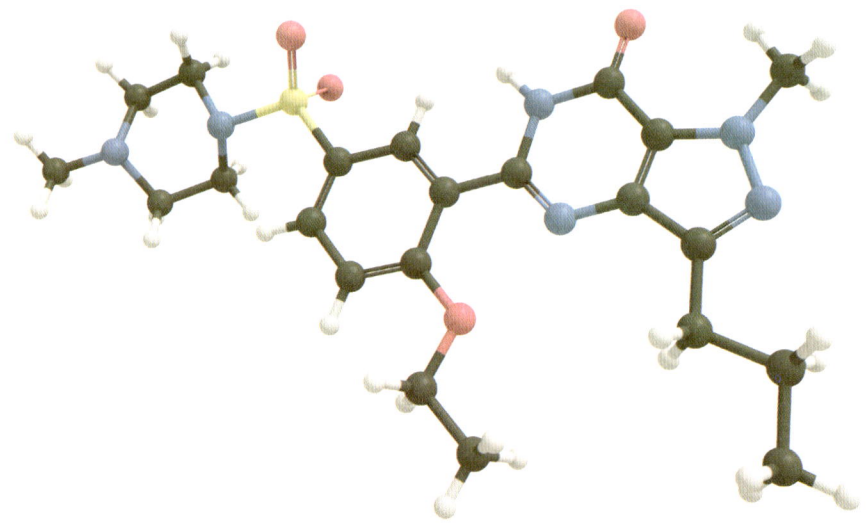

●伟哥，又名枸橼酸西地那非片。

项。阿根廷的研究人员发现，仓鼠在服用一剂伟哥后，便能加快倒时差的速度。也许，在未来，我们可以在进行洲际飞行后，通过服用伟哥来加快睡眠节律的调整。想要达到这种效果，仓鼠只需要很少的剂量，这些剂量不足以导致勃起。对于我们未来的旅行同伴来说，这应该算得上是一则好消息吧？！

泰素

树皮里的谜团

在过去的200年里，化学家们一直致力于钻研分子的构建——化学合成。几乎没有一种分子能复杂到无法制造的程度。不过，有的时候，我们要付出极大的努力。泰素就是最好的例证。我们有能力制造出这么大的分子，但是，从自然界提炼却更便宜。这种药物又称紫杉醇，被用以治疗各种各样的癌症。

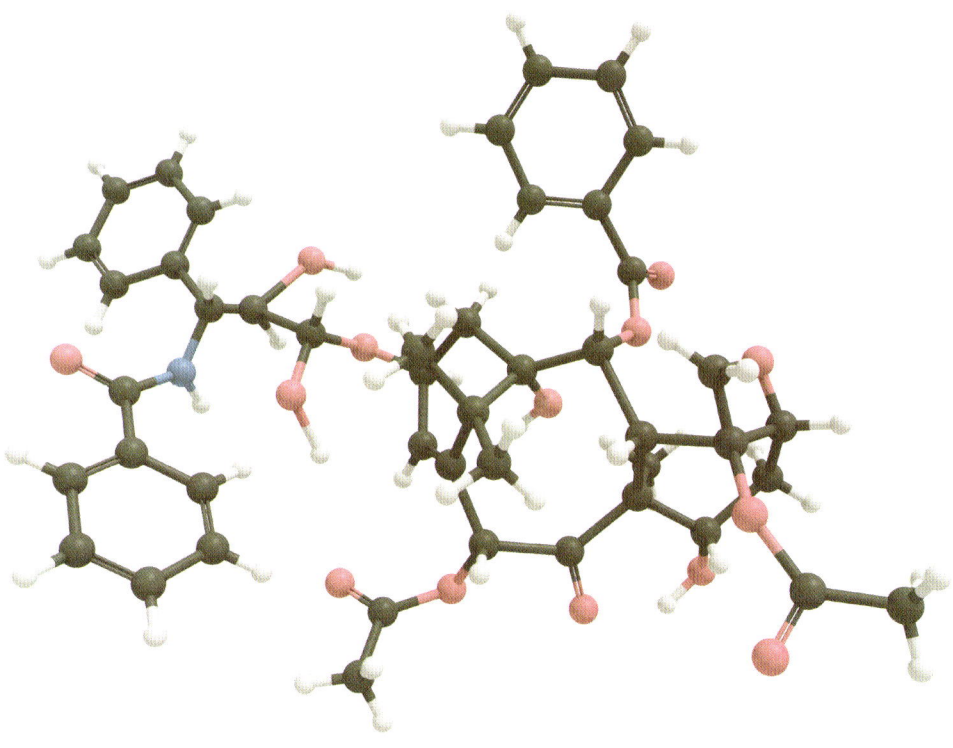

● 泰素是其中一种紫杉醇的品牌名称，它于1971年
被分离出来，从1993年起，它获批成为药品。

微管是一种微小的管状结构。它是细胞骨架的组成部分。对于细
胞结构而言，它们非常重要（我们可以把它们看作支撑帐篷的撑杆）。
同时，它们也是细胞分裂中的一个重要角色。对于健康的细胞和快速
分裂的癌细胞来说，它都很重要。一般情况下，微管十分活跃，它们
能轻易分解成其他组分块，然后在细胞里的其他地方重新组合。泰素
能对这些管状结构的稳定性起到辅助作用。只要不让癌细胞分裂、变
形，它们最终就会走向灭亡。

泰素来源于某种红豆杉的树皮，但是，这种树木的生长速度极为
缓慢，而一棵树里所含有的泰素甚至都不足以治疗一个病人。在实验
室里，我们有多种办法可以制造出泰素，可是，就算是最简捷的合成
路径也有好几十个步骤，从商业角度来说，实在是不可取（换句话说，

就是贵得要命）。幸好，另一种红豆杉树上的针叶里含有大量名为10-脱乙酰基巴卡丁的物质。我们可以通过四种反应将它转化成泰素。

我们称之为半合成药物，一部分来自自然，另一部分在实验室中通过化学方法添加。这个过程高效且环保，甚至不需要砍伐树木。

尽管如此，化学家们仍在继续寻找制造泰素的新方法。以最少的反应步骤构建这种复杂结构是终极挑战。这听起来可能毫无意义，好像研究人员在浪费时间建造我们并不需要的越来越复杂的结构。但是，为了完成这一挑战，我们经常需要开发新的化学过程和反应。当我们想要制造可能无法在植物中轻易找到的新药物时，就可以应用这些过程和反应。

利他林

药房里的苯丙胺

注意缺陷多动障碍（又称儿童多动症）是一种复杂的病症。它是一系列症状的综合，主要表现为极度活跃、容易冲动以及注意力不集中。注意缺陷多动障碍和儿童自然行为之间的差异很难断定，因此，很多时候，我们无法给出一个确定的诊断结果。行为治疗对医治注意缺陷多动障碍病人有一定的效果，但是，医生同时还会开出苯丙胺类药物。

苯丙胺类药物，如常见于治疗注意缺陷多动障碍的药物利他林，以及毒品亚甲二氧甲基苯丙胺和甲基苯丙胺，对正常人的大脑来说，会起到刺激作用。但对于注意缺陷多动障碍的病人来说，小剂量的苯丙胺类药物却有镇定的作用。而对于上述两种人群来说，苯丙胺都会对分泌系统和多巴胺（一种能唤醒愉悦感的神经递质）的摄入产生影响。至于它对两种人群所产生的影响之间有哪些区别，我们还不得而知。治疗结果也因人而异：利他林对大约30%的病人起不到任何作用。有些病人身上还会出现麻烦的副作用，包括情绪低落，这导致他们终止治疗。

由于利他林能对正常的大脑产生刺激作用，所以，对于另一些人来说，它是广受欢迎的。

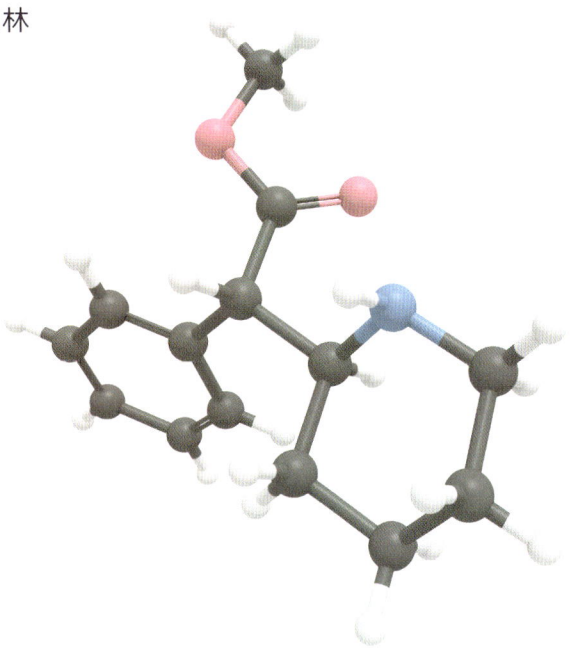

● 1944年，化学家莱安德罗·潘尼松（Leandro Panizzo）合成了哌甲酯，并用妻子的名字丽塔（Rita）为它命名，将这种药物称为利他林（Ritalin）。

人体

　　如果你问医生人体是由什么构成的，那么医生一定会告诉你，最大的部分是脂肪、肌肉和骨骼。换作生物学家，他就会为你讲述不同种类的细胞；再换作物理学家，他就会说，氧原子、氢原子、碳原子、氮原子、钙原子和磷原子共同组成了你身体的99%。

　　不用说，化学家眼里看见的当然全都是分子。你的身体，乃至每一个单独的细胞，都是一座错综复杂的分子工厂，每座工厂里都有成百上千个不同的分支。任何时候，我们的身体里都同时进行着几十亿，甚至上百亿的化学反应，而它们的效率，就连全世界最先进的工厂都只能望尘莫及。在这一章里，你将会了解到一些关于你体内最常见以及最重要的分子的知识。

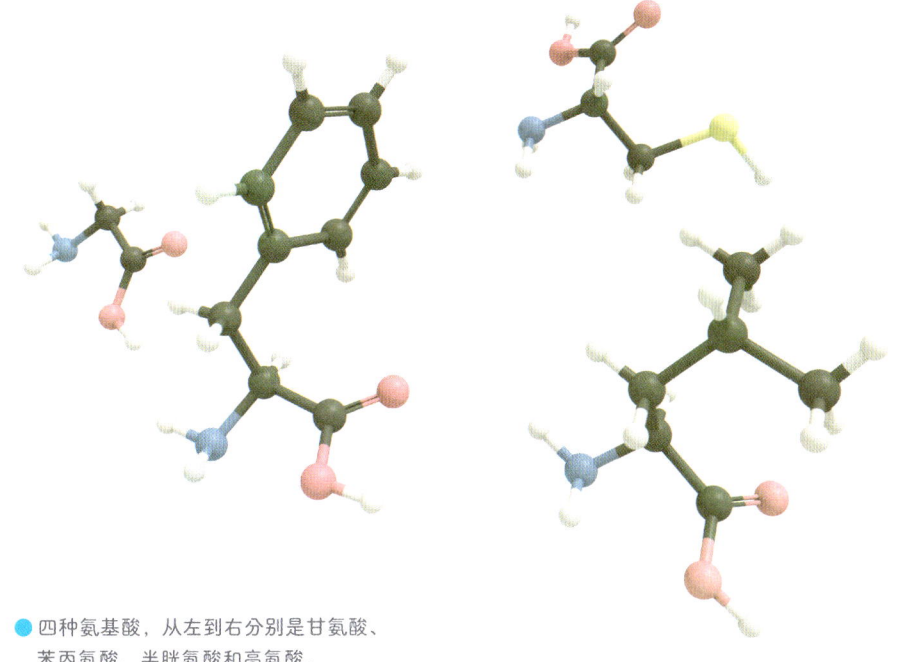

● 四种氨基酸，从左到右分别是甘氨酸、苯丙氨酸、半胱氨酸和亮氨酸。

氨基酸

关于生命起源的探寻之旅

　　蛋白质，偶尔也被称作朊。它是细胞里一切行为的驱动力。这些硕大的分子执行着各种各样的功能。它们是我们体内重要的构件，从头发到指甲，再到软骨，全都离不开它。可是，它们的运作就像是细胞里的机器，是以不计其数的酶的形式进行的，它们有的负责制造燃料，有的负责加速化学反应，还有的负责控制不同细胞之间的信号。

　　蛋白质是由长分子链组成的，它们的功能由分子链的化学结构以及分子链的运转方式决定。这些分子链是由各种各样、重复出现的部分——氨基酸组成。人体蛋白质里有21种形形色色的氨基酸，它们全都拥有相同的基础结构和一个互异的副基团。

　　一个蛋白质里包含着几十上百个甚至成百上千个氨基酸。这些氨基酸的顺序决定了蛋白质怎么折叠，也由此决定了蛋白质的功能。这

135

个顺序十分重要：一个小小的缺陷就能造成巨大的差异。

看看镰刀型红细胞疾病就知道了。患有这种疾病的病人体内有各种各样的血红蛋白，而血红蛋白里的大约600个氨基酸中有两个存在缺陷。它致使病人遭受一种充满疼痛感的病症，且往往英年早逝。

由于大多数氨基酸都具有手性，因此，从理论上说，这类氨基酸应当有两个镜像异构体。在大自然里，我们（除个别特例以外）只能见到左旋式的例证。为什么会这样，至今仍是科学界的未解之谜。这种独一无二的镜像对称的左旋氨基酸也被称为"生命的标记"。

很久很久以前，在年轻的地球上，出现了左旋氨基酸优于右旋氨基酸的偏好。或许比"如何"更难解释的是"为什么"。这是巧合吗？还是地球一度有机会变成一个与现在一模一样的镜像地球？又或是两个镜像地球曾经共处过一段时间？镜像对称的源头刹那间就与生命的起源这一巨大的谜团紧密相连。看起来，这似乎并不是那么重要，可是，一旦有人能够解释镜像对称的偏好问题，那么我们就离生命本身的起源更近了一步。

身体里的原子

你有没有听说过$H_{375000000}O_{132000000}C_{85700000}N_{6430000}$ $Ca_{1500000}P_{1020000}S_{206000}Na_{183000}K_{177000}Cl_{127000}$ $Mg_{40000}Si_{38600}Fe_{2680}Zn_{2110}Cu_{76}L_{14}Mn_{13}F_{13}Cr_7Se_4$ Mo_3Co_1？与本书里的其他分子相比，这些分子算得上是纷繁复杂了。以上这段文字是"人体分子"的分子式。事实上，这种分子并不存在。但是，如果把人看作一种由一模一样的分子构成的材料，那么，它的公式应当就是这个样子的。除这些原子之外，我们的身体里还有一些毫无作用的元素。例如金、银和锆，还有具有放射性的铀和毒性超强的铊。幸好，我们不用为此而感到担心。一般情况下，我们尿液里的铊浓度还不到1/1 000 000。只要这种状况保持不变，我们就不会受到它们的困扰。

锁和钥匙

蛋白质是怎么工作的

在吞下一粒扑热息痛后，头不疼了，在吸入一口神经性毒剂后，身体失去了对肌肉运动的控制。可是，当阿托品失去效用后，这一切就又回来了。我们常常把我们的身体视为一个黑匣子：我们知道进去的是什么，也知道出来的是什么，却不知道在进出之间会发生些什么。

事实上，许多药品和其他分子是通过相同的机制运作的。蛋白质在身体里发挥着各种各样的功能，可是，它们常常需要某种小分子形式的辅助物质。有时候，蛋白质会与这些小分子发生反应；有时候，蛋白质只有在与小分子绑定的情况下才会工作；有时候，与分子的结合反倒会导致蛋白质不工作。酶（促进特定反应发生的蛋白质）和受体（传递信号的蛋白质）通常是按照这个原理运行的。药品分子阻碍了某种酶在诸多酶锁构成的网络中的正常运行。

蛋白质和小分子之间的反应可以被简单地理解成锁和钥匙的组合。蛋白质（锁）有一个特定形状的眼。唯有符合这个形状的分子（钥匙）才能匹配这个眼。只有找到了正确的锁和钥匙的组合，门才打得开、关得上。功能相同的不同药物往往有着相似的结构：它们都是同一把锁的钥匙。

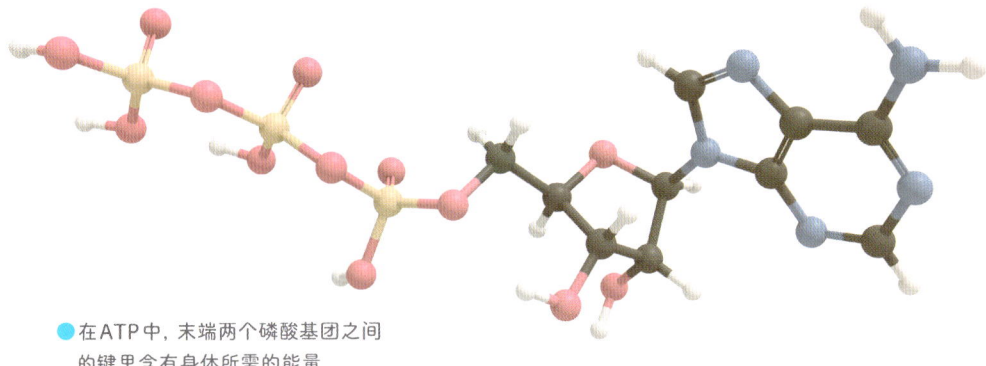

●在ATP中，末端两个磷酸基团之间的键里含有身体所需的能量。

ATP

你身体里的美金

代谢，又称作新陈代谢，是一种对细胞在生物化学过程中整体活动的统称。它可以被粗略地划分为制造能量（通过分解大分子）和消耗能量（通过搭建新的大分子，如骨骼和肌肉组织）。从本质上说，这两个过程是不可分割的，它们通过细胞里的"货币"——腺苷三磷酸（ATP）连接在一起。

ATP有点像我们身体里的美金。如果我们去越南的河内市工作，使用的货币就是越南盾。然而，当我们想在帕拉马里博买一杯咖啡的时候，这些钞票就变得一文不值。说不定，我们甚至都没法兑换它们。但是，如果我们早在离开越南前就把这些钱兑换成了美金，那么我们就能畅行无阻了。世界上的所有人都知道那些绿色钞票的价值。我们也可以把它兑换成当地的货币。ATP就是通过这种方式与身体里的能量进行交换的。

ATP包含了一条有3个磷酸基团的分子链。一旦它与水发生反应，其中一个基团就会断裂。在这个过程中，就会释放出能量，可以用来驱动肌肉等。反过来，我们也能通过注入能量的方式重新组成这个结合。因此，分子能够通过细胞运输能量。任何时候，我们的体内都有着大约100克的ATP。这种分子不断经历回收利用，以至于你一天内就能生产出相当于你体重的ATP。

对于我们身体里最奇妙的酶之一——ATP酶来说，ATP也是一种重要的分子。ATP酶是离子泵：它们能通过细胞膜运送离子。这个过程会消耗能量，而这些能量就是由ATP生产出来的。一部分ATP酶跨过膜，不停旋转。每当酶运作的时候，我们就能看见一个超赞的小马达在细胞上转个不停。

盐酸

亚历克西斯·马丁（Alexis St.Martin）：行走的实验室

亚历克西斯·马丁是加拿大的一个猎人。1882年，他的胃部不幸中弹。那时候，这一类创伤大多是致命的，可是，亚历克西斯却活了下来。这次事件给他的身体留下了另类的残疾。胃壁没有完全愈合，却与皮肤连在了一起，以至于亚历克西斯的胃上留有一个洞，里面还会流出食物和胃酸。

为亚历克西斯治疗的军医威廉·博蒙特（William Beaumont）彻底惊呆了。他把食物挂在绳子上，放进洞里，等一段时间之后再取出来，以此研究胃的运作。博蒙特医生成为撰写出胃酸在消化过程中所起作用的第一人。

胃通过将分子里的蛋白质分解成更小颗粒的方式消化食物。在酸的环境里，这些蛋白质能运作得更好。胃酸中最重要的酸是氯化氢，又名盐酸。盐酸并不是一种盐，它之所以被取名为盐酸，是因为它是在食盐和硫酸发生反应时所释放出来的。它是一种很强的酸，在实验室里，用到它的时候，我们需要格外小心。幸好，它在胃里的浓度较低。这样一来，它的酸度与柠檬汁的酸度相当，不会酸到把肠子烧出一个洞

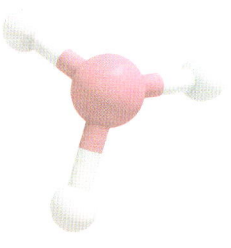

● 一个氯离子和一个水合氢离子共同构成盐酸。

的地步，却刚好酸到能把细菌杀死的程度。

　　尽管这一切绝对带来了很多不适，可是开洞的胃似乎并没有给亚历克西斯·马丁带来太多问题。多年来，他一直坚持参与博蒙特医生的实验，在此之后，他还活了好几十年。

胆固醇
我们的细胞膜里的帐篷撑杆

　　我们能在实验室里完成许多事情，可是，至今为止，创造生命依然超出我们的能力范围。从传统意义上说，这或许不是化学家的任务，毕竟，分子是一些没有生命的东西。就算对生物学家来说，这项任务也超出了他们的领域。在生物学家看来，细胞是最小的单位，而且，它是有生命的。在这两个领域之间有一片灰色地带，也许我们能在这里找到有关生命问题的答案。

　　如今，研究领域的边界早就变得模糊了，对生命的理解成了生物化学和分子生物学的核心问题。从前，我们以为活的物质和死的物质之间存在区别，可是，生命并没有什么神奇的元素。对生命的探索成了现代科学中最扣人心弦的问题之一。

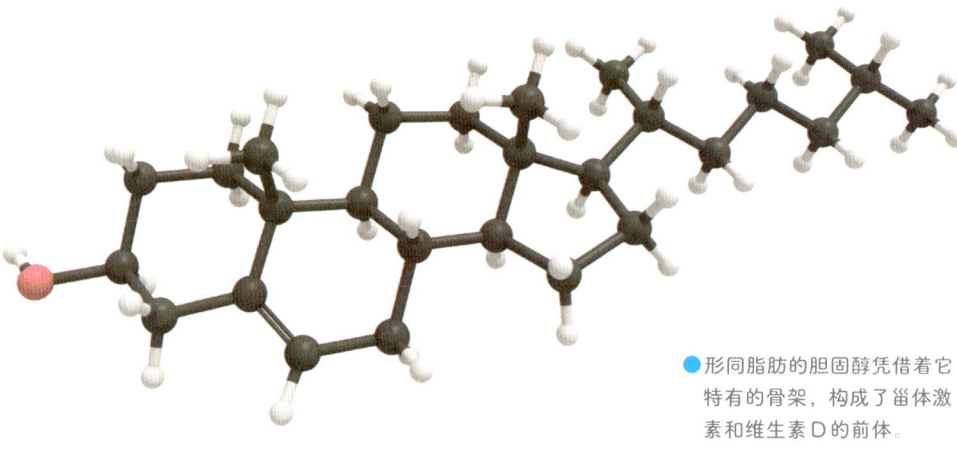

● 形同脂肪的胆固醇凭借着它特有的骨架，构成了甾体激素和维生素 D 的前体。

在超分子化学的领域里，亟待解决的问题就是分子和细胞之间最重要的差异之———自组装。说到底，有生命的细胞是一堆分子的集合。正是由于这些分子会基于同其他分子之间的相吸和相斥的相互作用而通过特定的方式定位和排序，所以，才有了有生命的细胞和无生命的材料之间的巨大区别，这也是我们没有人人都化成一滩水的原因。

以细胞膜为例，它的很大一部分都是由脂肪酸组成的，就像肥皂一样。这些脂肪酸疏水的"尾"部都合在了一起，产生了所谓的磷脂双分子层。大多数人都会把胆固醇这种分子和静脉阻塞联系在一起，可是，他们或许没有意识到，这种分子是膜的重要组成成分。羟基官能团会与脂肪酸亲水的"头"部发生反应，而"尾"部却嵌入脂肪酸的"尾"部。胆固醇具有刚性结构，因此，它对保持细胞膜的结构完整是必不可少的——正是它令柔软的膜像帐篷撑杆一般支撑起来。自组装的好处就在于分子会产生自主排列。脂肪酸和胆固醇的混合物遇水则会形成磷脂双分子层。

DNA

身体的基本代码

我们的身体会不断地自行更新。有些脑细胞会伴随我们一生，而大多数细胞活得短暂一些，并且会被新的细胞所取代。所以说，我们身体的一部分与几个月之前或者几年之前相比，已经大不一样了。不过，我们依然是之前那个人。这是由于我们的基本代码被存储于一个巨大的分子中。这个分子的名字就是脱氧核糖核酸（DNA）。每个细胞都含有一组一模一样的DNA，如果把它完全展开，长度足足有1米多。

一个DNA分子是一条由糖和磷酸盐组成的长链，构成DNA的碱基有四种：腺嘌呤、胸腺嘧啶、

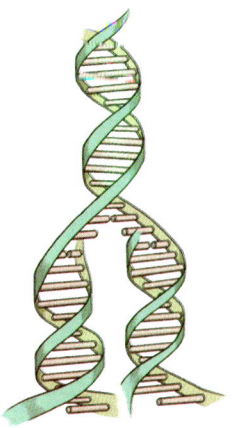

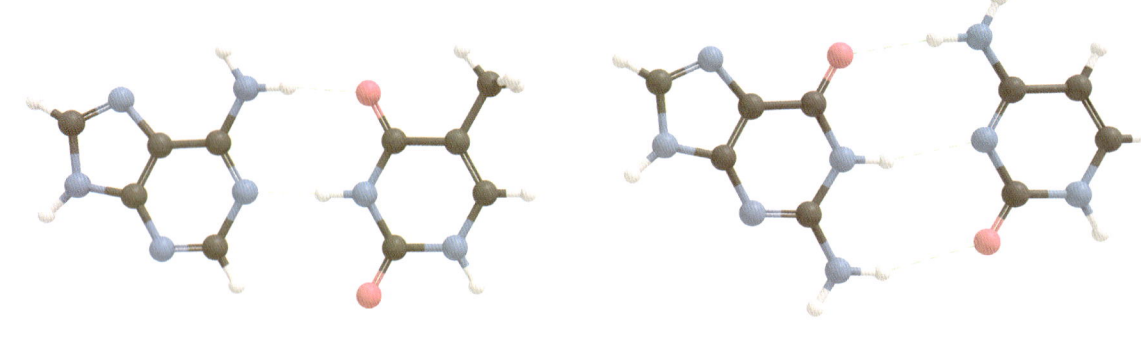

● 碱基对：腺嘌呤对胸腺嘧啶，鸟嘌呤对胞嘧啶。

鸟嘌呤和胞嘧啶。3个连续的碱基编码成20个氨基酸中的一个：通过读取DNA就能找到身体里的每一个蛋白质。（第21种氨基酸硒代半胱氨酸是一个特例。）

　　DNA以双股螺旋的形式存在于我们的身体里。有一个腺嘌呤，便有一个相对应的胸腺嘧啶，反之亦然；有一个胞嘧啶，便有一个相对应的鸟嘌呤。因此，第二条链与第一条链是互补的，就像一条拉链的两边一样。只要细胞分裂，DNA就能轻易地在身体里复制。两条链彼此分离，于是，每个DNA分子都会拥有一个新的镜像分子。我们独一无二的链从我们出生起就已经有了。当一个卵细胞和一个精子细胞结合成一个全新的胚胎的第一个细胞时，DNA分子就会相互结合。它们组合成一套全新的DNA，在我们余生的每一天，我们的每一个细胞里都带着这套DNA。

脂肪
身体的燃料储备

　　有些时候，脂肪几乎不为肉眼所见。可是，就算是训练最为严格的田径运动员，身上也会有百分之几的脂肪。也幸亏如此。

要知道，脂肪是人体不可或缺的一部分。身体用它储存能量，它是细胞膜重要的构件，脂肪分子就像一个通信兵，负责在细胞之间传递信号。脂肪不是魔鬼，它是我们身体里必不可缺的一部分，我们离不开它，只要比例恰当就好。

脂肪以甘油三酯的形式被储存在身体里。每个甘油三酯里含有一个甘油分子，每个甘油分子附带着3个脂肪酸。想要燃烧甘油三酯，就得先把它转换成脂肪酸，之后，分散的脂肪酸就可以被用来产生能量。与糖和其他碳水化合物转化成能量的过程相比，这个过程十分漫长。假如你想减掉一些脂肪，那么你最好还是坚持长时间做一些相对比较平缓的运动。这样的做法比短时间的剧烈运动更有效。

我们通过食物摄入体内的脂肪常常被区分为饱和脂肪和（多元）不饱和脂肪。这样的区别源于脂肪酸的碳链里有若干双键。不饱和脂肪常见于橄榄油、坚果、多脂鱼和牛油果中，一般来说，人们认为它更健康。所有这些健康的脂肪食用过多，最终都会被存储在我们的体内。就算是三文鱼和核桃，要是吃得过多，体重也会增加。

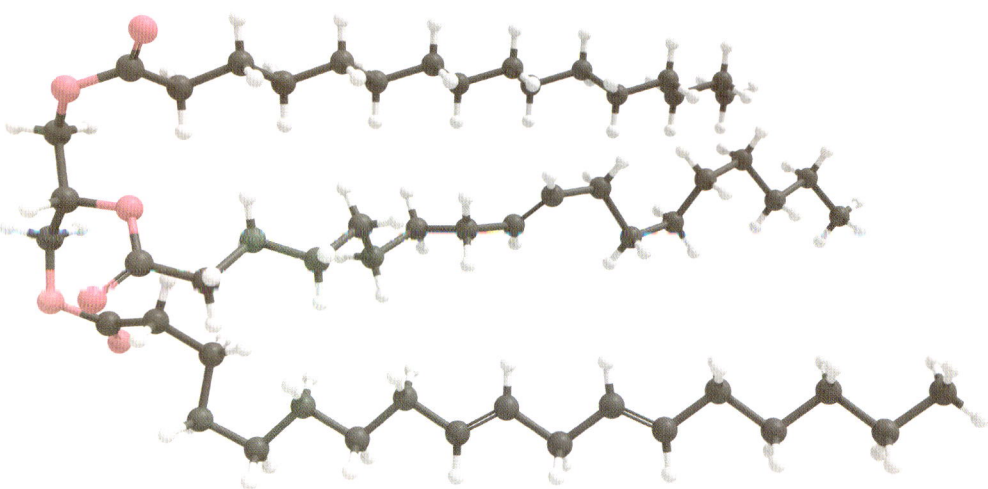

● 一个脂肪分子，甘油结合一分子饱和脂肪酸（上）、一分子不饱和脂肪酸（中）和一分子多元不饱和脂肪酸（下）。

烹饪

人们常说，一位优秀的化学家一定也是一个优秀的厨师，反之亦然。他们所用的方法自然有很大区别，可是，说到底，他们都是通过物质的混合创造出新的东西。当然，区别在于他们所用的材料是土豆和胡萝卜还是胺和醛。

在化学实验室里，有一系列的分析技巧，我们可以通过这些技巧对化学反应了如指掌。化学家能通过测量结果优化反应，而厨师则是跟着感觉走。

分子料理将这两个领域的优势结合在了一起，在这里，厨师们借助化学知识，在厨房里制造出最奇特的食物。每个寻常的厨师都算得上是一位分子料理大师。毕竟，化学才是烹饪的核心。从烤面包到炖牛肉，分子和化学反应决定了最终的味道。在本章中，让我们一起来看看若干个来自厨房的分子。

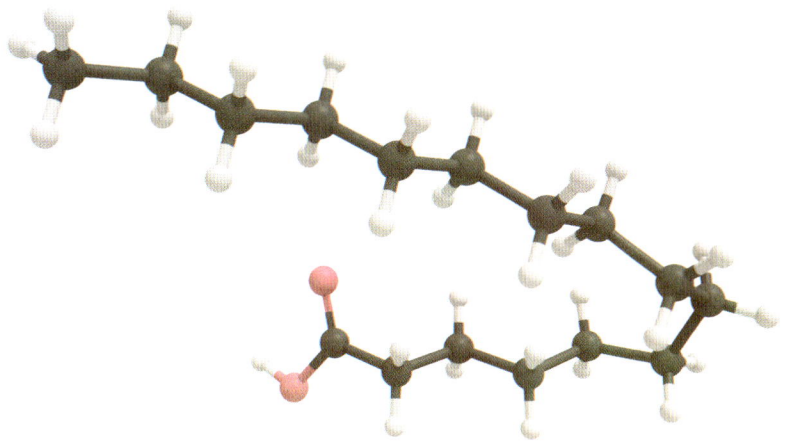

● 棕榈酸，一种含有16个碳原子的饱和脂肪酸。

棕榈酸

隐藏在洗衣粉和巧克力里的热带惊喜

全世界超过30%的植物油都是棕榈油。棕榈油主要由棕榈酸这种脂肪酸里的甘油三酯组成（详见肥皂），它被加在巧克力里，用来提亮和防止融化。它是一种价格低廉的脂肪，不仅常常被应用于化妆品、洗衣粉、肥皂、面包、饼干和冰激凌里，而且被应用于生物柴油和其他许多产品中。只要仔细看看，你就会惊奇地发现，你每天在不经意间食用了不少棕榈油。

棕榈油是从油棕中提取出来的。全世界的油棕种植园中大约一半都位于苏门答腊和加里曼丹这两座岛上。由于棕榈油产业的突飞猛进，油棕种植园不断扩大。为此，许多原始丛林都被砍伐一空。两片巨大的热带雨林的消失会给气候变化带来沉重的后果，同时，这也会给当地的生物多样性带来灾难性的打击。红毛猩猩、苏门答腊虎和苏门答腊犀没有了栖息地，面临灭绝。虽然少使用棕榈油不容易，但是，这件事对地球的未来有所裨益。

棕榈酸本身也是一种臭名远扬的分子。它是一种增稠剂，可以添加到汽油里。它能四处附着，让汽油燃烧得更久一些。棕榈酸和汽油的混合物被称为凝固汽油弹，并能引发最令人毛骨悚然的焚烧。在我们自己的身体里，棕榈酸扮演着重要而又略显无辜的角色。它是人体内最常见的脂肪酸之一，也是母乳的重要成分。

酸碱值

烹饪的基础（酸、碱）

酸是厨师战队里的五种味道之一。然而，化学家对这个字却有着非常不同的理解。酸碱值以0~14表示，用来表示水溶液是酸性（酸碱值<7）还是碱性（酸碱值>7）。自来水的酸碱值是7，血液的酸碱值是7.4。溶液的酸碱值离7越远，我们就越难以承受。无论是电池酸液（酸碱值介于0~1之间）还是下水管道清洁剂（酸碱值介于13~14之间），它们都具有很强的腐蚀性，会造成烧伤。

厨房里常常用到很多酸，例如醋、柠檬和可乐，不过，厨房里也同样会用到碱。以传统的斯堪的纳维亚菜肴"碱渍鱼"为例，它就是用在强碱性溶液里浸泡后风干的白鱼做成的。碱（又称碱水）会改变鱼体内蛋白质的特性，由此，成品便有了凝胶般的质地。碱和鱼身上的脂肪发生反应，可以产生肥皂，在这个过程中，隔膜和骨头渐渐溶解。

碱渍鱼（顾名思义，是碱腌制出来的鱼肉）是一道美味佳肴。只不过，它和宜家里的瑞典肉丸很不一样。肥皂味和凝胶般的质地结合在一起，口感别具一格。如果你想在厨房里用碱，那么发酵粉或许更适合一些。另外，绿茶的酸碱值通常也大于7。

醋酸

灶台上的火山

面对身体里和大自然里没日没夜的各种反应，你手心痒痒、想要亲手玩玩化学也就不稀奇了。这很容易，而且，你也完全不需要把漂白剂和洁厕灵倒进厕所里混合（详见漂白剂。千万不要那么做！）。

无论是在栎木桶里酿造了50年的巴萨米克醋还是普通品牌的有机醋，醋的主要成分都是醋酸和水。只要把开封的酒放置得久一点，醋自然而然就产生了。醋酸是乙醇的氧化物，换句话说，它是乙醇和空气中的氧气发生反应后的产物。碳酸氢钠是发酵粉的主要成分。如果把醋酸和碳酸氢钠（如果是水溶液则最佳）混合在一起，就会产成二氧化碳。这个过程致使面包发酵。只要提前往这种液体里加上几滴洗洁精，就能"困住"气泡。当两种液体混合在一起时，会产生大量的泡沫。至于其他颜色和质地嘛，你可以自己动动手，用厨房里的其他酸性液体尝试一下，例如柠檬汁、酸奶和番茄酱。

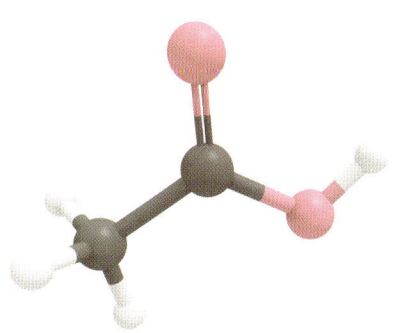

● 醋酸，又名乙酸。无水乙酸就是我们熟知的冰醋酸。

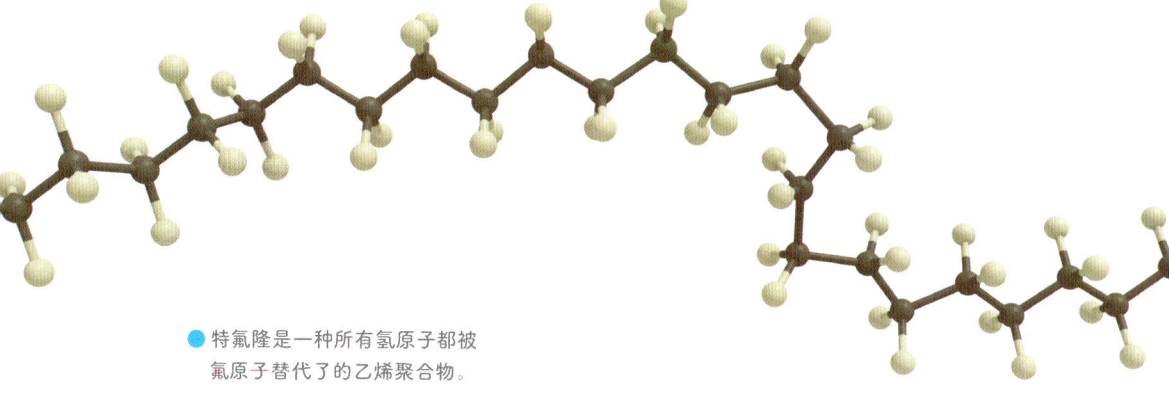

● 特氟隆是一种所有氢原子都被
　氟原子替代了的乙烯聚合物。

特氟隆

触不到的聚合物

　　和本书里的许多分子一样，特氟隆的故事也是从实验室里的一场小意外开始的。1938年，化学家罗伊·普伦基特（Roy Plunkett）正在研究四氟乙烯这种气体。它是一种新的氯氟烃（详见臭氧）的起始物料。突然间，他发现满满当当的气瓶不出气了。他把瓶子锯开，发现里面有一种白茫茫、滑溜溜的物质。气体被聚合成了聚四氟乙烯（品牌名称：特氟隆）。

　　特氟隆是一种无比耐用的材料，既能抵御化学物质，又能承受高温。除此之外，其他物质几乎没有任何附着在它身上的可能性，就算壁虎都别想趴在特氟隆上。这些特性的结合使特氟隆得以应用在多个领域：从魔术贴和冲锋衣到人工静脉和月面着陆器。毫无疑问，最广为人知的应用要数锅里的不粘锅涂层。特氟隆的性质十分稳定，温度范围远远超过烹饪能达到的地步，于是，烧焦的锅彻底成了过去式。

丙烯酰胺

为什么焦了的烤肉对身体有害

1997年，在瑞典的西海岸，大量奶牛突然间死去。一夜之间，当地的河流里满是死鱼。很快，人们就联想到附近正在修建的哈兰扎森隧道。那里不少工人的健康也出现了状况。原来，隧道附近的地下水被排入了小河，而奶牛正好也喝了那些水。经过一番调查，罪恶的分子终于浮出水面：丙烯酰胺。

丙烯酰胺是一种密封剂的成分，用来预防地下水渗入隧道。它的毒性很强。尽管我们在正常情况下摄入致死剂量的丙烯酰胺的可能性微乎其微，可是，这则丑闻还是引发了人们对这种物质的进一步调查研究。通过调查研究，人们发现少量的丙烯酰胺也有"致癌的可能性"。只要把这种物质聚合，我们就不会受到任何影响。聚丙烯酰胺是一种聚合物，它能吸收大量水并且形成某种凝胶。我们的隐形眼镜里就有它。

美拉德反应会产生丙烯酰胺，尤其是在所用产品含有较多淀粉的时候（例如土豆和面包）。因此，食品健康中心建议把食物烤/煎/炸至金黄色，而不是等到它们变成褐色。烧焦的食物是绝对不能吃的。因此，稍加注意是有益的，但也不必过度紧张。荒诞的是，美国的咖啡连锁品牌星巴克被一个机构告上了法庭。这个机构认为星巴克的杯子上应该贴上"致癌"的字样。他们的观点来源于咖啡在进行烘焙时会产生极其少量的丙烯酰胺。如果连这么微小的分量都要担心，生怕有害分子会带来潜在的危险，那么，最好还是什么都别吃了。

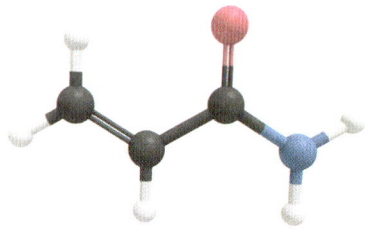

●油炸过程可能产生丙烯酰胺（2-丙烯酰胺），用微波炉加热食物也同样可能产生丙烯酰胺。

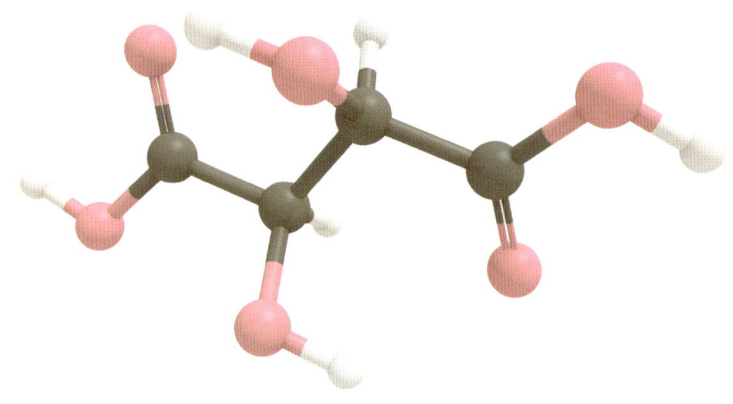

酒石酸

路易斯 · 巴斯德（Louis Pasteur）和酒瓶塞底下的结晶体

　　酒石酸并不是奇特的分子，可是，它却在化学的历史上占有十分特殊的地位。它是一种弱酸，酸性与柠檬酸和苹果酸相近。它常见于水果里，尤其是葡萄和香蕉。酒石酸氢钾里的钾盐会在葡萄酒的制造过程中自然产生，有时候还会结晶并留在酒瓶和酒瓶塞的底部。

　　19世纪初，人们发现，一种名为酒石酸氢钾的物质在化学成分上与外消旋酒石酸一模一样。我们可以从葡萄中提炼出外消旋酒石酸（它的名字源于拉丁语中的 racemus 一词，意为"一串葡萄"）。除化学领域以外，路易斯 · 巴斯德凭借他在微生物学领域革命性的突破闻名于世，并且他漫长的职业生涯还有更多的高光时刻。

　　酒石酸里的钠铵盐产生的结晶井然有序，它们全都拥有相同的不对称形状。外消旋酒石酸里诞生了两种结晶体。其中一种与酒石酸结晶体一模一样，而另一种则是它的镜像翻版。巴斯德得出（正确）结论：

　　外消旋酒石酸并不是一种奇特的物质，而是由酒石酸和另一种所含原子反向排列的分子混合而成的。这两种分子是镜像异构体。它们就像我们的两只手一样：几乎从任何角度看都是一模一样的，但是，它们却是彼此的镜像。与自己的镜像不完全相同的分子和物体被称为具有"手性"，这个词源于古希腊语里的"手"这个词。两个镜像异构体1∶1混合后的物质依然被称为外消旋混合物。荷兰的首位诺贝尔化学奖获得者雅各布斯·范托夫（Jacobus Van't Hoff）于1875年在他的著作《空间化学》里首度阐释了这类镜像分子的空间结构。

香烟

　　烟草的种植最初起源于北美洲和南美洲。在许多印第安人的部落里，都有种植和消费烟草的习俗。自从哥伦布来到了新大陆，西班牙人把烟叶带到了欧洲，在那里，它逐渐风靡一时。从18世纪中叶起，医生开始推测吸烟有害身体健康，可是，直到纳粹德国时期，才发生了第一场官方的反吸烟运动。烟叶的消费量锐减或许与席卷各国的贫穷脱不了干系。从20世纪50年代起，吸烟的隐患广为人知。我们全都知道，它对我们的健康有害，可是，我们到底吸入了些什么呢？而吸烟又为什么这么容易让人上瘾？在本章，让我们来看看人们通过点燃烟草而吸入体内的若干分子。

苯

分子化的衔尾蛇

苯或许看上去平平无奇，可是，19世纪中叶，它却是化学界最重要的主题。按照当时的化学界所掌握的规则来看，苯的属性和成分（6个碳原子、6个氢原子）无法组合成任何化学结构。那个年代最厉害的学者设想了一系列极好却又极不正确的结构。

终于，德国化学家凯库勒（Kekulé）解决了这个结构难题。据他本人所说，他是受到了一个梦的启发。在梦里，一条蛇咬了自己的尾巴，就像古代的衔尾蛇象征符号那样。至于这个充满诗意的说法究竟是不是真实的，我们也许永远都无从得知，可是，凯库勒的理论和他环状结构的假说却解释了这个分子的若干奇特属性。

苯是一种举足轻重的分子。环状结构是有机化学里常见的图形。在本书里，你已经见到了几十个有环状结构的分子。我们大规模地从石油里提炼出苯（全世界平均每年的产量直指500亿升，足够灌满整整15个帕特沃尔茨湖），它是生产诸多复杂分子的原料。我们很少能遇到这种物质，毕竟，苯的致癌性极强。它存在于烟草的烟雾里。当然，从技术角度而言，每一种分子都有相应的浓度标准，只要低于这个标准就不会造成任何损害。可是，说到苯，这个标准却非常低。早在1948年，美国石油协会就已经声明："我们相信，苯的绝对安全浓度为零。"

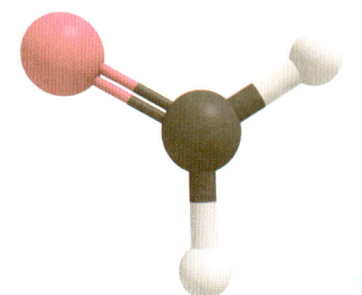

甲醛

鱼和逝去的俄国领袖是如何保存的

在莫斯科红场的移动小建筑里，躺着弗拉基米尔·列宁（Vladimir Lenin）的遗体。尽管这位苏联领袖已经过世100多年了，可是，他的遗体看上去依然鲜活。

在冰箱被发明出来以前，如何长时间保存新鲜的鱼是人们面对的一大难题。其中一个延长鱼类存放时间的办法就是把它架在柴火上熏制。况且，熏三文鱼和熏欧洲鳗鲡的味道还真是很不错呢。

在上述两个事件中，负责物体保存的分子是甲醛。甲醛是一种抗菌物质，能够"固定"生物组织。它通过在蛋白质之间形成连接使生物组织变硬，细菌也就不那么容易分解这些物质。因此，把甲醛和乙醇加入水中后所得到的溶液就是很有效果的防腐剂。

这种物质也会在木头（和烟草）燃烧时得以释放，从而有助于保存烟熏的食物。"固定"有助于蛋白质的长久保存，不过，对于活生生的人来说，并不是那么健康。由于我们人类很大一部分是由蛋白质构成的，因此，长期吸入甲醛会导致癌症也就不足为奇了。只不过，微小剂量的甲醛难以造成损害。蜡烛在点燃的时候也会释放出少量的甲醛，不过，它们很难被人体留存。我们自己的身体也会不断产生这种分子，然后把它分解。如果因为甲醛而选择不吃三文鱼土司或是欧洲鳗鲡三明治，那也实在太夸张了；如果因为个别几个有可能在身体里逗留的甲醛分子而不打疫苗，那简直就是无理取闹。

一氧化碳

沉默的杀手

人类离不开氧气。作为一种重要的蛋白质，血红蛋白负责把氧气运送到人体的各个角落。一氧化碳（CO）与血红蛋白的结合比氧气牢固210倍。因此，就算是很少的分量也可能产生严重的后果。这种无色无味的气体会在有机材料发生不完全燃烧时被释放出来，例如烟草和煤炭。在这里，不完全燃烧的意思是氧气不够，不足以形成二氧化碳。这种情况会发生在烟草被滤嘴覆盖或者火炉被放置在密闭空间的时候。曾经，一氧化碳中毒也被称为煤气中毒，这个称呼源自我们在家里用火炉烧炭取暖。

急性一氧化碳中毒时，血液中的一氧化碳血红蛋白浓度高达40%～50%。这是致命的。想要靠吸烟达到这个百分比是几乎不可能的（在最极端的情况下，会出现25%的比例）。一氧化碳泄漏时我们难以察觉，中毒的人只不过觉得越来越困而已，你一旦屈服于这种感觉，那么就有可能再也醒不过来了。

一氧化碳的危险我们早就已经知道了。亚里士多德写过，煤气是有毒的，而纳粹也曾用过"毒气车"——这些小货车的排气管被接入到车内，致使受害者全都死在前往墓地的路上。遗憾的是，一氧化碳中毒至今仍常常发生。只不过，如今，这类事件大多数都是意外，例如火炉故障等。治疗一氧化碳中毒的唯一办法就是吸氧，一直到身体自行排出一氧化碳。

一氧化碳非常危险，可是，它也有非常实用的一面。我们可以在高温环境下让它与氢气发生反应，以此制造出合成燃料。

● 一氧化碳是一种碳氧化合物。

甘油

甜甜的多面手

甘油，又名丙三醇，是分子里的多面手。它无色无味，是一种糖浆般的液体，带有甜甜的味道，被应用于形形色色的产品中。由于这种物质能吸水，并与水相溶，所以，它被添加在化妆品、食品和烟草中，以防脱水。

20世纪20—30年代，人们把一种水和甘油的混合物用作防冻剂，但是，它很快就被更便宜、更有效的甘醇取代了。甘油是酵母发酵过程中产生的重要的副产物，也是葡萄酒里除水和乙醇之外最重要的成分。酒里的甘油浓度可以被视作衡量质量的指标：它能提高黏稠度，有助于提升口感。

甘油的高黏稠度同样适用于人造雾的制作，就像电影和迪厅里的那种雾气。甘油和水的混合物能形成较大的水滴，从而导致雾气异常浓重。因此，甘油也常常被用来制作电子烟的烟油。它不会对味道产生任何不好的影响，可是，眼睛却得到了满足。

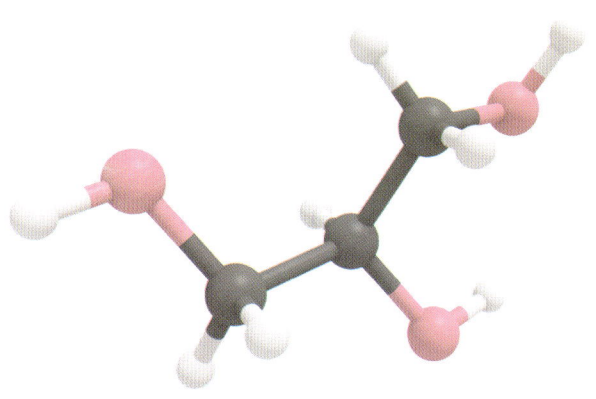

● 甘油，又名 1,2,3-丙三醇，它是最简单的三醇化合物。

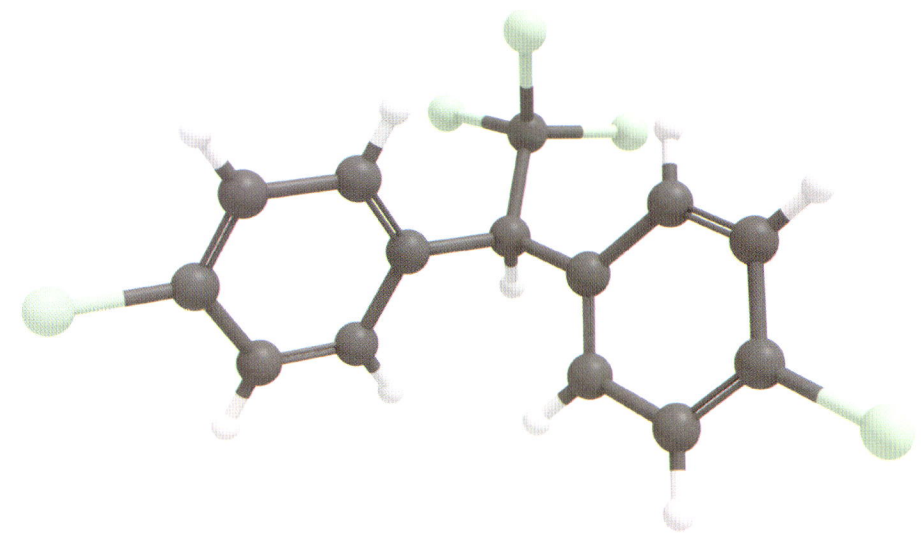

滴滴涕

双对氯苯基三氯乙烷和白头海雕的没落

1782年，美利坚合众国将白头海雕纳入了美国国徽。这种鸟看上去强壮、勇敢、高贵，还加强了美国与罗马帝国之间的联系。才过了不到两个世纪，这种鸟就几乎在美国销声匿迹了。这很大程度上要归咎于一种分子。

双对氯苯基三氯乙烷（滴滴涕）是一种高效的杀虫剂。与其他许多杀虫剂不同的是，它看上去对人类和脊椎动物无毒。靠着这种分子，西方世界几乎彻底根除了伤寒和疟疾。就这样，滴滴涕挽救了成千上万条人命。它似乎美好得不太真实，当然，这样的美好也的确不真实。几十年后，昆虫中逐渐出现了滴滴涕的抗体，而与此同时，人类也对它的毒性产生了怀疑。眼下，我们把滴滴涕视作潜在的致癌物质。

滴滴涕会在脂肪组织内堆积，这使得它在位于食物链顶端的动物体内聚集得尤其多。一旦猛禽食入了很大的剂量，它们产下的蛋的蛋壳就会变薄，这使得许多蛋还在动物体内时就已经破碎了。从20世纪

157

70年代开始，滴滴涕被禁止使用，如今，白头海雕的数量已经恢复了。作为世界第三大烟草产地，印度依然在使用滴滴涕。

耐药性

对于某些昆虫来说，滴滴涕是一种毒性极强的分子。可是，至今为止还没有任何一种杀虫剂是100%有效的。昆虫也会对杀虫剂产生耐药性，这是一个很大的问题。想象一下：100只虫子中恰好有一只虫子能抵御滴滴涕。当植物被喷洒上农药时，97只虫子都死了。我们的超强虫子是幸存者之一。于是，能强力抵御滴滴涕的虫子从原本的1%一跃到了33%。也许并不是所有"昆虫中的绿巨人"的后代都会变得超级强壮，可是，它很有可能将这种特性代代相传，于是在下一代中，超强虫子的百分比达到了10%。经过滴滴涕的几代筛选，我们面对的就是对滴滴涕完全免疫的昆虫。这样一来，我们就失去了有效的杀虫剂。也许你觉得不种烟草也没什么大不了的，只可惜，耐药性遍布所有领域，就连细菌也不例外。人类对抗生素的耐药性正在成为日益严峻的问题，我们会像100年前那样，因为一个小小的伤口，感染而死。

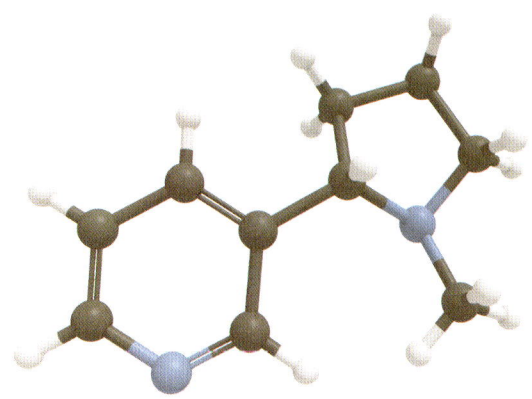

尼古丁

巨大的诱惑兼卷烟厂最好的朋友

吸烟增大了人们患癌症、心血管疾病和肺部疾病的风险，它几乎对身体的每一处都有害。吸烟弱化人的嗅觉，从而令食物失去鲜美的味道，它还会加快皮肤衰老的速度，让小病小灾不断。而这种不健康的爱好还很昂贵。对于这些事实，就连最坚定的吸烟者也一清二楚。然而，荷兰人中吸烟人数的比例大约达到20%，全世界吸烟的人数超过10亿。抛开所有不健康的副作用不谈，香烟里有一种具有极大诱惑力的分子——尼古丁。

尼古丁对大脑的影响可以与可卡因、海洛因或者咖啡因相较，成瘾性极强。通过吸烟所产生的少量的这种物质不具有危害性。只不过，尼古丁会引诱人不断吸烟，于是，每抽一根香烟，抽烟者就会吸入一份新的烟碱和其他有害物质。尼古丁天然存在于烟草植物里，是天然的昆虫防御系统中的一部分。烟叶的提炼物是驱赶蚜虫的有效用品，因此，它偶尔也作为"纯天然的"杀虫剂被使用。但是，我们需要知道的是大剂量的纯天然尼古丁对人体有很强的毒性。

酒局

　　发酵或许是人类有史以来所使用的化学过程中最古老的一种。曾经，有人吃到了一个烂水果，感觉好极了。从此开始，人类便一发不可收拾。在食物发酵的过程中，糖被转化成酒精，这就是从啤酒到葡萄酒等酒精饮品制作的核心。酒精饮品的生产涉及更多的化学知识。通过蒸馏提高饮品中酒精的占比，某些特定物质的加入调整了饮品的口味、颜色和储存期限等特性。在这一章里，让我们一起看看与酒局相关的化学反应和分子。

二氧化硫

梅洛酒里的臭鸡蛋

1816这个年份因为成了"没有夏天的一年"而被载入史册。那一年的天气很冷，雨水很多，农作物歉收了。这场灾难的始作俑者便是气体二氧化硫（SO_2），它是火山喷发时释放出来的物质。1815年印度尼西亚松巴哇岛上的坦博拉火山剧烈喷发时，气体能喷到10千米的高空中，进入大气层。在这样的高度上，SO_2会变作气溶胶——一种气体中微小颗粒的悬浮体系。水与这种气溶胶结合，结果就是出现比正常情况更小、更多的颗粒，形成一片云朵。如果把这些颗粒加在一起，它们的面积更大。算一算吧：从体积角度出发，一个网球大约装得下5个乒乓球，可是，乒乓球的面积加在一起大约是网球的2倍。更大的面积导致云朵反射更多的阳光，因此，照射到地球上的阳光就减少了。1815年的坦博拉火山喷发导致全球范围内的气温骤减、天气恶劣。

也许，当火山喷发所带来的损坏终于得以修复时，松巴哇岛的居民真该设个酒局喝上一杯。

另外，从表面上看，SO_2似乎和酒精饮料毫不相关。它有毒，有腐蚀性，闻起来像臭鸡蛋。然而，酿酒师们却依然会往他们的酒里加入一些这种物质。它会阻碍细菌的生长，避免氧化，不让酒变成醋。

● 二氧化硫和气态硫化氢一样，散发出臭鸡蛋的"芳香"。

乙醇

合法的硬性毒品

我们的生活变得越来越健康。我们有意识地进食，并保证食物的多样性，而且，几乎所有公众场所都禁止吸烟。胆固醇与过量的糖、盐和脂肪一样，都充满了罪恶。然而，有一种分子，尽管我们早就知道了它的危害，可是，它的受欢迎程度丝毫没有减少，它就是乙醇。在荷兰，超过80%的成年人都会时不时地喝上一杯酒精饮料。

几千年前，乙醇就已经被发现。所有阶层的人们都享受着它所带来的乐趣。身体把它转化成乙醛(醋醛)。乙醛是一种十分活跃的分子，可以与DNA里的蛋白质结合。结构的变化可以影响生物分子的功能，诱发癌症一类的疾病。

● 乙醇(左)在人体内被转化成乙醛(右)。

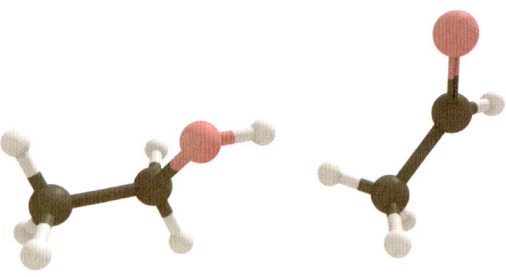

乙醇是一种十分容易让人成瘾的精神活性物质。如果饮用的速度超过身体消化它的速度，乙醇就会进入大脑，带来愉悦和释放的感觉。其实，乙醇如此受到社会各界的欢迎说起来是一件很奇怪的事情。

乙醇与可卡因这两种物质对大脑所产生的影响十分相似。

幸好乙醇带来的不单单有痛苦。研究指出，偶尔喝一杯葡萄酒可以降低患心血管疾病的风险。除此之外，一瓶葡萄酒的开启极有可能让尴尬的局面变得其乐融融。

甲醇

为什么喝甲醇会导致失明

其实，这个章节里讲述的都是饮品里常见的分子，甲醇并不适合在这里出现。这并不是因为饮品里没有甲醇，而是因为它不应该在饮品里出现。酒精饮料里的甲醇大多来源于水果或谷物的发酵。甲醇是这种反应的副产物。人体把甲醇转化成甲醛（蚁醛），之后，又转化成蚁酸。

在正常情况下，酒精饮料里的甲醇含量非常低，完全不需要担心，但是，一旦在蒸馏的过程中出错，就可能带来有危害分量的甲醇。更有甚者，甲醇因为价格低廉且引起的反应酷似乙醇，被故意添加在非法饮品里。反过来，工业上也会在非饮用乙醇（如工业酒精）中添加甲醇。甲醇中毒有可能导致失明，甚至死亡。最有效的处理办法是找一种与蛋白质的结合能力比甲醇更强的物质。这样一米，就能把甲醇转化成分解产物了。有些药物也具备这样的作用，可是，在危急时刻，乙醇加伏特加或许是最有效的。

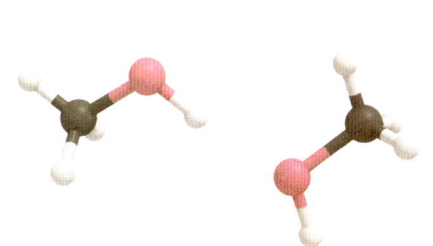

● 甲醇是最简单的醇类。

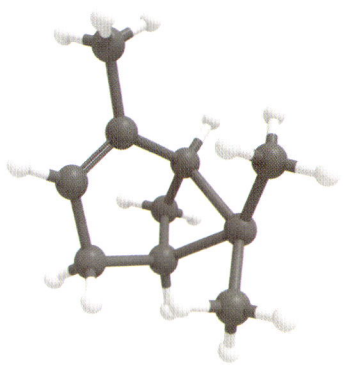

蒎烯

完美马天尼里欲望的分子

按照詹姆斯·邦德（James Bond）的说法，世界上只有一种马天尼的喝法："摇晃，不要搅拌。"英国作家威廉·萨默塞特·毛姆（William Somerset Maugham）对此不能苟同。他坚持认为调酒师不应该摇晃马天尼，而是应该搅拌它："只有这样，分子才会充满欲望地叠加在一起。"这很难用视觉化的语言描述清楚，可是，从化学的角度，我们倒是可以对分子充满欲望地叠加在鸡尾酒杯里的本质进行一番阐释。

金酒是马天尼和相似的杜松子酒里的主要成分，它是用谷物酿造而成的。它扑面而来的香味来自杜松果。杜松果和酸菜、炖菜也很配。杜松果特有的味道是无法用某一种分子概括的，它是由一系列萜烯所带来的。萜烯常见于各种各样的树木和植被里，也是树脂的主要成分。只要拿一片叶子在指间细细揉搓，就能闻到它的味道。它们的味道往往强烈而又独特（不一定是树脂味），常常被应用于香水产业。以柠檬烯为例，它和月桂烯一样，都是一种萜烯，它的味道闻起来很像天竺葵。

杜松果里含有 α－蒎烯和 β－蒎烯这两种萜烯，闻起来很像树脂。它们给金酒和杜松子酒增加了针叶林的香气和味道。蒎烯还常见于希腊的雷司令葡萄酒中。传统的做法是用树脂来密封存放这种酒的酒缸。时至今日，只要用一个玻璃瓶加上软木塞，再在发酵过程中加入些树脂，就可以制造出这种葡萄酒的独特味道了。到底是摇晃还是搅拌？小小的萜烯分子才管不了这么多。

白藜芦醇

喝红酒，得健康？

卡芒贝尔奶酪、勃艮第葡萄酒和高卢香烟似乎托举起了法国餐饮。法国人的平均寿命超过了世界的平均值，而且他们还又瘦又健康。"法国悖论"首次引起人们的注意是因为研究人员指出，尽管法国人食用了许多饱和脂肪，可是他们受心血管疾病困扰的概率却很小。很快，研究人员就锁定了这种现象和红葡萄酒之间的关联，并由此延伸到白藜芦醇身上。

白藜芦醇是一种常见于葡萄皮里的分子。白葡萄酒是脱皮发酵的，因此，它含有的白藜芦醇很少，可是，在每一升红葡萄酒里，白藜芦醇的平均含量则有几毫克。过去的几十年里，人们对白藜芦醇的效用进行了无数研究：科学数据库的搜索引擎显示，近10年里，相关的出版文献达到了17 000篇。这其中必然有一些是关于白藜芦醇的正面影响的，可是，想要达到那些效果，所用到的剂量都远远高于一瓶红酒中白藜芦醇的含量。

毫无疑问，对于吃货来说，如果能用一瓶上好的赤霞珠葡萄酒冲洗掉一大块奶酪里的脂肪，那简直是太好的消息了。只可惜，"法国悖论"真正的原因只不过是一些平平无奇的因素的结合，其中包括均衡的饮食和适量的食用。

● 反式白藜芦醇是一种多酚，而不是什么神奇分子。

165

乙酸乙酯

博若莱葡萄酒里的洗甲水

乙酸乙酯是最简单的酯之一。它和其他更重的酯类成员一样，散发出一股水果的清香。在葡萄酒里，酯通过酒精和酸在发酵或者在陈酿的过程中产生。乙酸乙酯是醋酸和乙醇发生反应后的产物，因此，它也是葡萄酒中最常见的酯。

与其他大多数有机液体相比，乙酸乙酯的毒性并不强。因此，我们可以在各种各样的用品中见到它的踪影。就以指甲油为例，乙酸乙酯是它的主要组成成分。涂到指甲上之后，它就会挥发，其余的固体成分变成薄薄的一层，留存在指甲上。当我们想除去指甲油时，这个过程就反了过来。洗甲水的主要成分是乙酸乙酯（或者丙酮，只不过丙酮会对皮肤和指甲造成损坏，因此，它的适用范围不那么广泛）。这种分子也是指甲油里的气泡的源头：如果表层指甲油的风干速度远远快于底层指甲油（比如经过光照或者风吹，又或是指甲油涂得太厚了），那么底层的乙酸乙酯就挥发得更慢，从而形成气泡。

我们还会在另一种情景下遇到乙酸乙酯，那就是咖啡豆中咖啡因的提取过程。咖啡因是咖啡豆里为数不多能溶于乙酸乙酯的物质之一。通过用它清洗豆子，我们能除去大部分咖啡因，留下豆子里剩余的固体部分。正是因为这样，脱因咖啡依然保留了普通咖啡的浓郁味道。

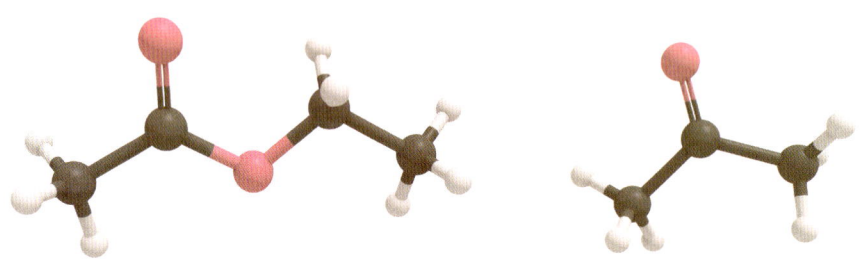

● 乙酸乙酯（左）是一种比丙酮（右）更好的洗甲水。

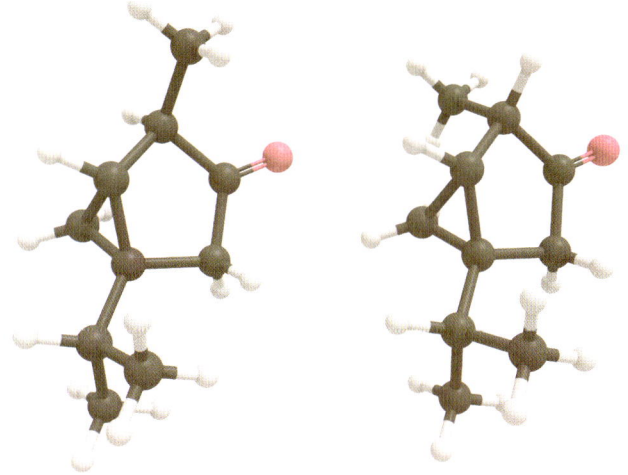

侧柏酮

冤假错案的受害者

苦艾酒是1900年前后巴黎最时尚的饮品。这种饮品被称为"绿仙子"，广受艺术家们的欢迎，其中也包括文森特·梵高（Vincent Van Gogh）。他曾把苦艾酒当作灵感的来源。人们发现，苦艾酒会带来幻觉，而过度饮用会导致癫痫发作以及神志不清。因此，在许多西方国家，这种饮品被明令禁止生产和售卖。

苦艾酒是用中亚苦蒿的提取物制成的。中亚苦蒿是一种不起眼的植物，在荷兰鲜有分布。当时，人们将苦艾酒令人愉悦但又危险的副作用归咎于侧柏酮分子。至于侧柏酮对大脑究竟会产生什么样的影响，我们不得而知。与几乎所有物质一样，分子只有在达到一定的浓度以后才会具有毒性，区区几杯苦艾酒的分量看起来无伤大雅。自2005年起，荷兰再度允许出售这种饮品。

究竟是哪种物质导致了"苦艾酒中毒"？至今这仍然是个谜。有时候，有毒的铜盐被用来制造苦艾酒里独特的绿色，但这似乎只是例外而非常态。更可能的原因是普通的酒精中毒，苦艾酒里的酒精浓度最高可以达到80%。

百利甜酒加汤力水

致命的鸡尾酒？

　　酒吧招待是不可以在百利甜酒后递上一杯汤力水的（反之亦然）。如果接连喝下这两种饮品或是同时喝下它们，我们的胃里就会形成一种无法消化的硬块，进而导致死亡。事实上，监狱里没有因为失职的酒吧招待而人满为患，这简直可以被称作奇迹。

　　当然，这个都市传说显然是彻头彻尾的胡说八道，但它也包含了一些真实的成分。如果把百利甜酒和汤力水混合在同一个杯子里，那就一定会发生化学反应。百利甜酒是一种以奶油为基础的烈性酒。通常情况下，脂肪和水是不相溶的，可是，它们却能形成一种乳液。它是一种稳定而又均匀的混合物，在这种混合物里，两种成分中的一种会化作极小的液滴，分布在另一种成分里。蛋黄酱、人造奶油和百利甜酒都是典型的乳液。

　　凝结是乳液再度分解的过程。正如发酸的牛奶会结块，当我们往百利甜酒里加入酸（以碳酸的形式）时，酒就会凝结。随后，酒里会产生一种脏兮兮、黏糊糊的物质，它不会对健康造成任何损害，因此，我们可以放心大胆地饮用。

对胃来说，想要消化这堆渣滓，简直不在话下。事实上，就凭胃里的酸度，无论加不加汤力水，百利甜酒最终都会化作一团块状物。

化学武器

　　分子是奇妙的，可是，在分子的世界里，并不总是充满了玫瑰的芬芳和皎洁的月光。在化学战争中，人类把部分分子的凶残特性当作武器使用。在第一次世界大战期间，化学武器被大规模使用。大约有10万人因为毒气引发的窒息或灼伤而经历了痛苦的死亡过程。幸好，1925年，各国签署了《日内瓦议定书》，议定书中禁止了化学或生物（即有毒细菌、病毒等）武器的使用。当然，化学不仅在毒气的研发中占有重要地位，而且在战争的各方各面都产生了重要影响：从通过火药装置发射子弹到使用抗生素医治发炎的伤口。在这一章里，让我们一起看看那些在战争和恐怖主义活动中产生了灾难性影响的分子。

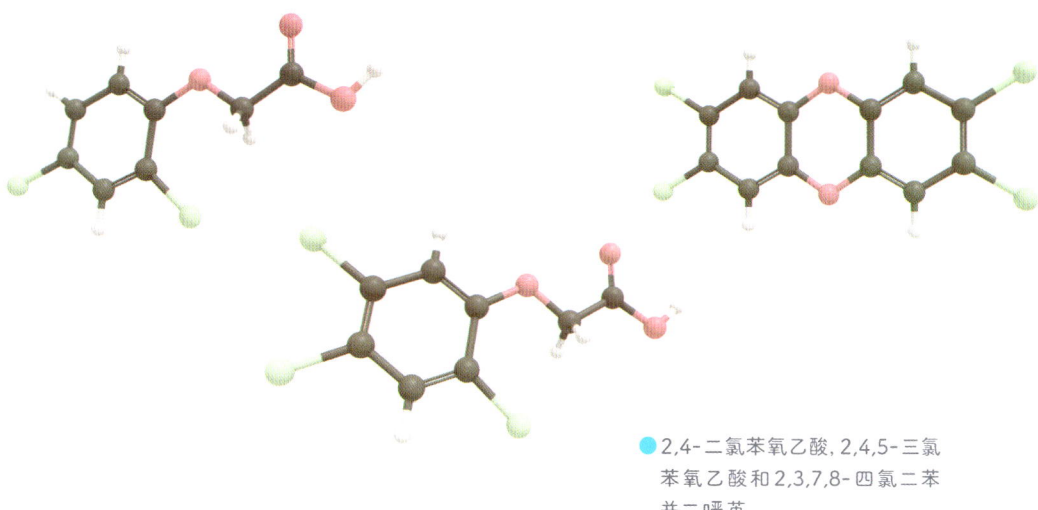

● 2,4-二氯苯氧乙酸, 2,4,5-三氯苯氧乙酸和2,3,7,8-四氯二苯并二噁英。

橙剂

有效去除树叶，残害婴儿健康

　　1965年，大量的美军抵达越南，希望能在短短几个月的时间里结束战争。事实上，战事冲突并不像他们想象的那么容易解决。热带的条件和越南军的游击战给美军带来了毁灭性的打击。美国人决定一石二鸟：大规模地喷洒除草剂，这样一来，既破坏了粮食储备，又摧毁了越南北方军队的根据地。没有了植被，丛林里的越南北方军队就无处藏身，也无法耕种粮食。

　　橙剂是"牧场手行动"中使用最广泛的落叶剂。它是2,4-二氯苯氧乙酸（2,4-D）和2,4,5-三氯苯氧乙酸（2,4,5-T）的混合液，还含有少量污染物2,3,7,8-四氯二苯并二噁英（TCDD），TCDD这种物质尤其恶劣：它有很强的致癌性，并且会导致先天缺陷。

　　就算是很小剂量的TCDD，对人类和动物也具有极强的毒性。在这种情况下，裸露在外的皮肤最轻也会患上氯痤疮——一种痛苦的皮肤病。至于它究竟是什么模样，看看2004年乌克兰总统候选人维克多·尤先科（Viktor Joetsjenko）TCDD中毒后的样子就知道了。TCDD和橙剂里其他成分的分解十分缓慢，时至今日，越南人民依然承受着战争遗留的恶果。

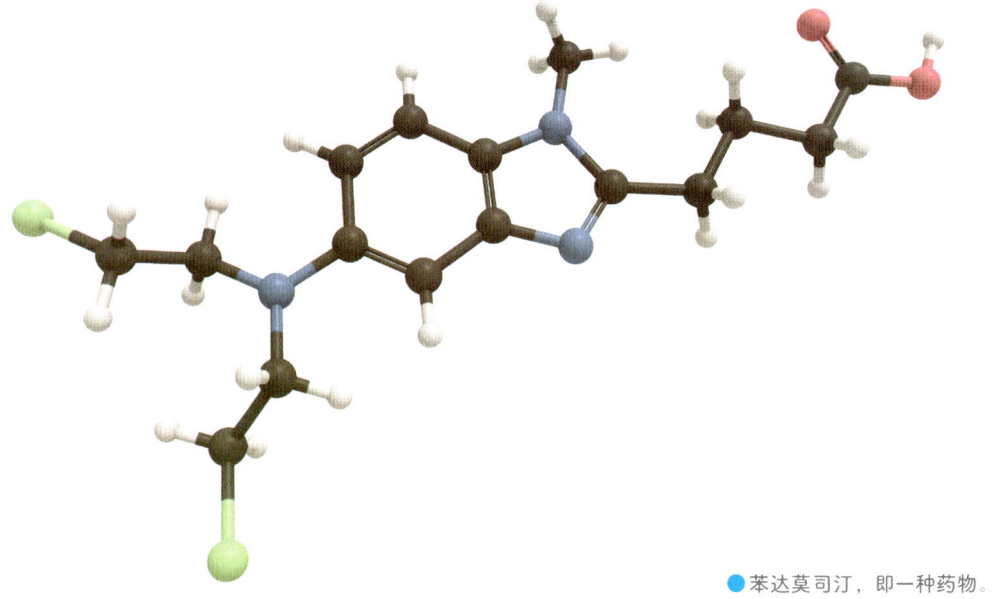

●苯达莫司汀，即一种药物。

芥子气

对抗癌症的致命毒气

　　跟这一章里的大多数分子相比，芥子气看上去天真无邪。这种气体大多是黄澄澄的，闻起来很像芥末。如果大量吸入这种气体，就会有致命的危险，可是，一般来说，防毒面罩可以保护我们免受它的侵害。除此之外，即使吸入了芥子气，除略微的瘙痒之外，我们其实也很难感知到它，直到第二天，它的效果才会显现出来。事实上，芥子气是一种很强的起疱剂。它会穿透衣物，并且一直留在里面。过上几小时乃至一天的时间，受害者的身上就会出现巨大的水疱，令人生疼。很多情况下，受害者最终还是能得以存活，可是，疗愈的过程会令士兵长时间不能返回战场。就算很多年过去了，它的副作用还是会继续显现出来：

●芥子气，第一次世界大战期间的一种化学武器。

172

芥子气会致癌。它能与DNA或者蛋白质发生反应，令它们无法正常运作。科学家们利用这种恶劣的特性研发出了一种十分积极的成果。

自从化学药物治疗投入使用，芥子气就一直与它形影不离。在第二次世界大战期间，医生们发现，芥子气战役的受害者体内的白细胞数量往往少于正常人。这种分子具有细胞毒性，会干扰细胞分裂。癌细胞的增殖速度很快，而一剂具有细胞毒性的物质却能较为有效地杀死癌细胞。它的缺点在于这种物质同样会攻击我们体内其他快速分裂的细胞，例如消化道黏膜、毛囊以及血液里的细胞。它所导致的结果就是众所周知的化疗带来的疼痛的副作用。

全世界最早的化疗药物是氮芥，它是以芥子气为基础制成的。如今，氮芥的应用范围不再那么广泛，但是芥子气的核心结构至今为止仍应用于不少化疗药物，例如苯达莫司汀。

沙林和塔崩

影响我们神经的毒气

在第二次世界大战爆发之前，德国的化学家们正在努力研制一种新的杀虫剂。这很重要，要知道，一旦研制成功，德国就能种植出更多的粮食，也就不再那么依赖进口了。1936年，他们研制出了一种对昆虫具有极强毒性的物质，只可惜，它对人类和动物的毒性也同样极强。毋庸置疑，假如我们种出了一个完美的苹果，可是刚咬了第一口，自己就倒下了，那就是徒劳无功。于是，实用主义至上的科学家们把这种物质转交给了部队。部队里的人给这种物质起名"塔崩"，取自德语里的"禁忌"一词。一年后，沙林（Sarin）研制而成。它与塔崩具有关联性，但是毒性更强。这种分子是以其发现者［施拉德（Schrader）、安布罗斯（Ambrose）、吕第格（Ritter）、范·德尔·林德（Von de Linde）］的名字命名的，我不知道这是否可以算是一种荣誉。

诸如沙林和塔崩一类的神经性毒剂通过神经递质发挥作用。神经

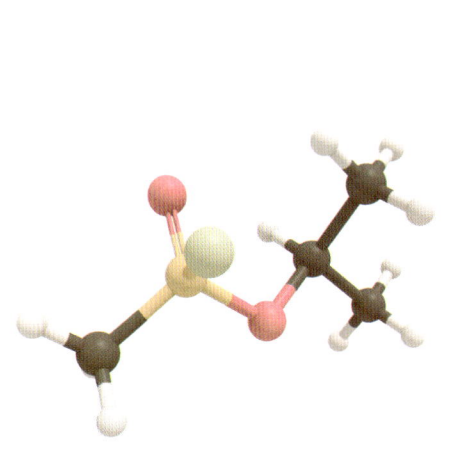

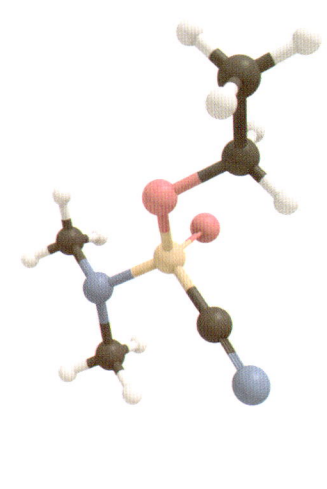

递质是负责传递神经细胞信号的物质。神经递质乙酰胆碱向肌肉传递收缩的信号。当这一信号传递完成后，乙酰胆碱就会被酶分解，于是，肌肉便能松弛下来。神经性毒剂会与这种酶结合，占据原本乙酰胆碱应结合的位置，因此，这种结合会长时间地阻止乙酰胆碱分解。乙酰胆碱的过量生产令身体失去了对肌肉的控制。这就好比我们上百次地按电脑开机/关机按钮，却没有正确地按流程开关电脑，这可能会造成系统崩溃。经过十分痛苦的几分钟，死神如约而至。死亡的往往是由肺部肌肉麻痹所引起的窒息。

其实，常温下的塔崩和沙林是液体，但是，它们可以轻易地蒸发，从而触及更多的人。1995年，恐怖组织奥姆真理教在袭击东京地铁时使用了沙林。尽管国际上已经禁止了化学武器的使用，可是，就算到了21世纪，叙利亚仍然在毒气战中使用它们。

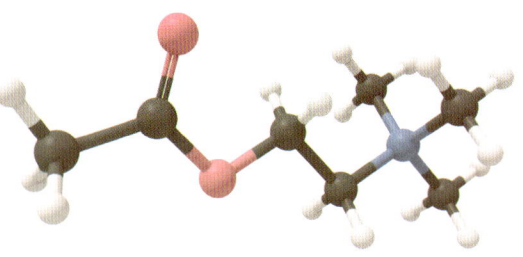

● 乙酰胆碱——神经性毒剂的目标。

174

● 我们对硝化甘油的认知大多停留在它是一种炸药。

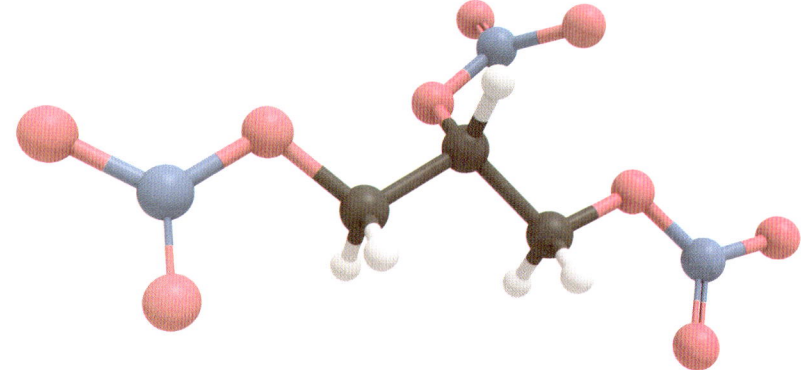

硝化甘油

"振聋发聩"的药品

古代的人们发明了火药。那时候的火药是硝石、木炭和硫的混合物。它们的爆炸性不一定很强，可是，它们能快速地燃烧，释放出热量，因此，它们被用来推进弹药或烟花。继火药之后，又有了硝化甘油。硝化甘油是一种糖浆状的液体，具有极强的爆炸性。1846年，它首度问世。只可惜，这种物质非常不稳定，没过多久，就造成了几次严重的事故。阿尔弗雷德·诺贝尔（Alfred Nobel）通过将硝化甘油和硅藻土——一种沙土相混合，巧妙地解决了这个问题。

他将这个成果取名为硅藻土炸药。硅藻土炸药能够毫无风险地运输和储存，很快就取代了火药，成为最常用的爆炸物。如果没有硅藻土炸药，我们每每度假时，花费在路途上的时间就会多一些：要知道，它是打通横贯阿尔卑斯山脉的隧道的股肱之臣。硝化甘油的发明者阿斯卡尼奥·索布雷罗（Ascanio Sobrero）曾写道，每当他想起因为自己的发明而牺牲的人们，他就会觉得十分愧疚。如果他所发现的是硝化甘油的另一种用途，他也许就会觉得好受些。要知道，这种物质还能扩张血管，并由此减轻心绞痛这种心脏疾病所带来的疼痛感。阿尔弗雷德·诺贝尔本人就是心绞痛患者，医生给他开了硝化甘油这种药。但是他似乎信不过这种给他带来"死神的化身"这个绰号的物质了：他拒绝服用这种药物。

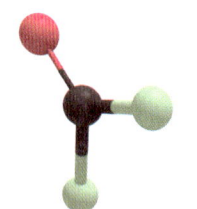

● 光气分子。

光气

毒气里的忍者

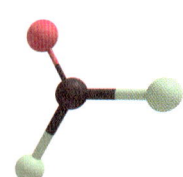

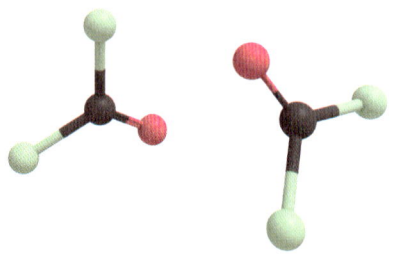

我们早就了解到，一氧化碳和氯气不会发生反应，可是，1812年，年轻的化学家约翰·戴维（John Davy）还是进行了一番尝试。他发现，氯气的绿色在经过阳光的照射后会消失不见，并形成另一种气体。他把这种气体称为光气。这个名字源于希腊语里的phos（光）和genesis（产生）。

在第一次世界大战期间，德国引入氯气，将它用于攻击性武器。可是，没过多久，它就不起作用了。由于它有着黄绿色的色彩和刺鼻的气味，敌人能够轻易地辨别出毒气袭击。况且，这种气体往往不能致命，只需要用一块浸湿的手帕捂住嘴巴，就能毫发无伤地躲避氯气的侵袭。光气的诞生恰好解决了这个"问题"：它更加致命，气味不那么刺鼻，而且是无色的。你很难看见、闻见或者听见它的到来，可是，它却是一个致命的"杀手"。吸入它后，最初的症状不太明显，可是，在危急的情况下，受害者往往会在1~2天内窒息而亡。

光气的效果实在太好了，第一次世界大战期间85%的化学武器牺牲者都是因为它而丧命的。它的效果之所以这么好，是因为它超级喜欢与一切物质发生反应。在我们的身体里，它遇到一个分子就摧毁一个分子。正是因为光气如此活跃，它成为有机合成物中不可或缺的构件。在这个领域里，愿意与分子发生反应恰恰成了一个优点。我们只需要控制它如何发生反应就可以了。在实际应用中，光气很少出现在实验室里，毕竟，大多数研究人员都更愿意与活性更低、安全性更高的分子打交道。

176

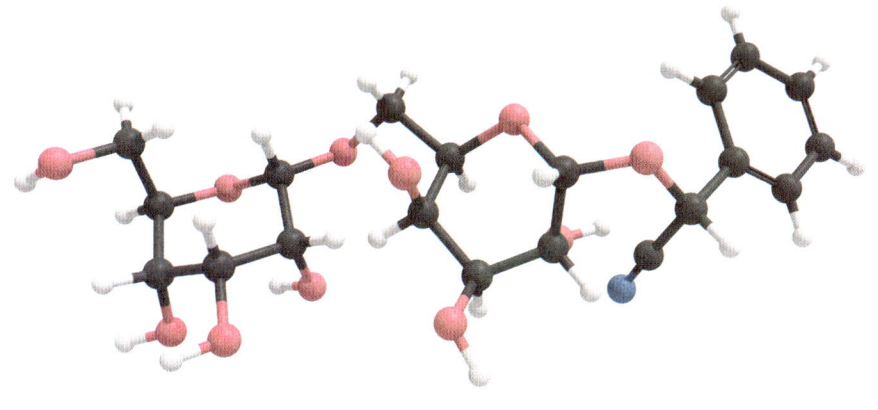

● 扁桃苷，其含有易于识别的蓝色氮原子的氰化物基团。

氰化物

蔬菜和水果货品区里臭名昭著的"杀手"

氰化物或许算得上是有史以来最臭名昭著的分子了。它有剧毒，它会阻断人体中一种不可或缺的作用酶，这种酶负责把氧气转化成能量，导致细胞"窒息"。氰化物是阴离子，是带负电荷的分子，它出现在各种各样的组合里，例如气体氰化氢，或是盐类氰化钾和氰化钠。氰中毒的症状在它被吸入后的1分钟之内便开始出现。世界上已经有了解毒剂，可是，如果吸入的剂量太大，就根本来不及使用解毒剂了。

第一次世界大战期间，人们曾尝试在战场上使用氰化氢，可是效果十分有限。这种气体比空气轻，因此，它还没造成任何损伤就已经飘上了天。当然，如果是在封闭的空间里，这就不成问题了。纳粹在毒气室使用了名为齐克隆B的氰化氢（这些颗粒在温度超过27摄氏度时就会变成气态的氰化氢）。

尽管可能性很小，在家里也有可能发生氰化物中毒。扁桃苷这种物质常见于杏和苹果的核里。这种分子与胃酸发生反应时就会产生氰化物。如果这种核没有经过咀嚼就被吞进肚子里，那就没事了，但是，如果碎了的核被幼儿吃了，那就会有致命的危险。

令人意外的是，这种致命的分子也是人体不可或缺的一部分。在工业上，氰化氢是合成氨基酸的主要原料。地球生命起源的实验似乎也表明，氰化氢是第一个氨基酸的重要组成部分。

麦角酰二乙胺
橘子树的阴暗面

"想象自己躺在河中的小船上
看着橘子树的树梢和橙黄色的天空"
——摘自披头士乐队的歌曲《露西在撒满宝石的天空中》（*Lucy in th Sky with Diamonds*）

披头士乐队一直坚称，他们的歌曲《露西在撒满宝石的天空中》

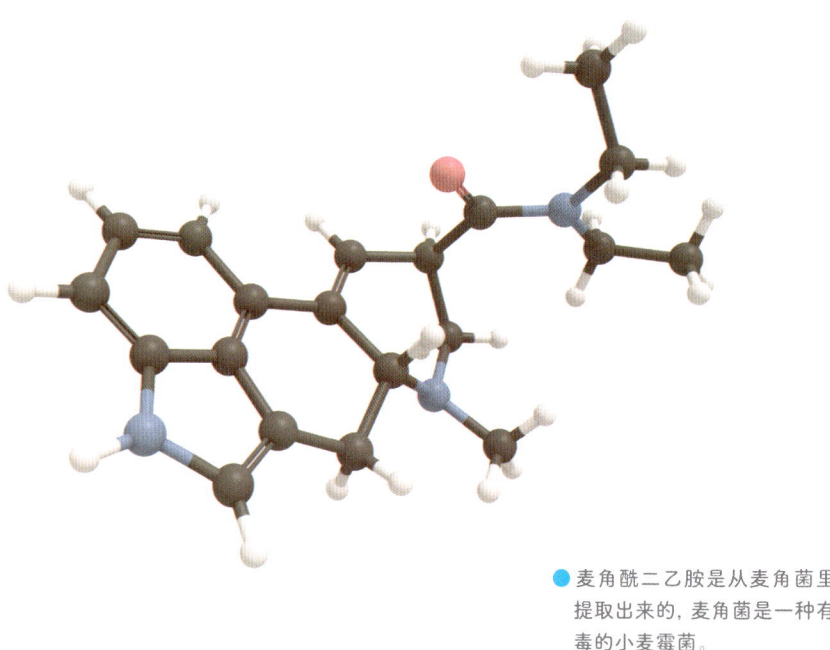

● 麦角酰二乙胺是从麦角菌里提取出来的，麦角菌是一种有毒的小麦霉菌。

的创作灵感来源于约翰·列侬（John Lennons）的儿子朱利安（Julian）在幼儿园里画的一幅画。只不过，这首歌的歌名单词首字母缩写和怪诞的歌词却引发了另一种猜测：

这首歌曲是某个声名狼藉的分子的颂歌。

麦角酰二乙胺（我们也可以称它为LSD）是一种刺激神经的物质，会让人产生幻觉。与大多数毒品相比，LSD似乎更"温和"一些；它会引发精神病和迷幻体验，可是，它的成瘾性却很小。20世纪60年代，LSD的迷幻效应尤其受到欢迎，这与当时的嬉皮士运动脱不了干系。

大约在同一时期，美国中央情报局对LSD的属性产生了兴趣。在MK-Ultra这项秘密计划中，他们让人（有些是毫不知情的人）服用了LSD，"以此研究它对人类行为的影响"。这种毒品作为吐真剂，被应用于审讯过程，有时也用来给人洗脑。这种公然违背人权的做法致使一名工作人员死亡，这个可怜人在毫不知情的情况下被灌入大剂量的LSD，随后从十楼一跃而下。

按照阴谋论的说辞，MK-Ultra计划从未终止。至于具体发生了什么，我们或许永远都不得而知，毕竟，大部分的资料都被损毁了。可是，假如你有一天被美国中央情报局请去"喝咖啡"，你最好还是别碰那个杯子了。

大自然里的化学防御

　　狼、狮子和熊都长着巨大的爪子和牙齿，不费吹灰之力就能击退靠近它们的动物。让我们的目光转向食物链的底端，那里的动物有着完全不同的生存计谋，例如使用保护色或是逃跑。当然，植物连一步都逃不了。幸好，动植物王国十分富有创造力，大量生物远远不像它们表面上那样弱小无助。

　　在大自然里，化学武器和生物武器随处可见。就拿印度尼西亚的科莫多巨蜥来说吧，它的牙齿里就藏着一整个"军械库"。就算是只被它咬了一小口，伤者也会在几小时之内中毒身亡。和它一样厉害的植物，是平平无奇的荨麻。大多数荷兰人曾吃过这种凶狠的植物的苦头，它与皮肤接触后会释放出刺激性的物质。

　　化学家们为自己家院子里的化学战斗着迷，还有另外一层原因。在实验室里，我们依然努力地同分子的合成抗争，有时候，所涉及的是上百个原子。与之相反的是大自然，它能制造出最复杂、最令人惊叹的结构，化学家们只能望尘莫及。在这些分子之中，许多都有毒，可是，它们大多是在与其他分子结合的时候才有毒。高浓度时有毒的分子在低浓度时往往是可以耐受的，甚至许多天然产品还带有治疗的功效。在本章中，让我们来探讨几种能够在植物和动物身上见到的最令人叹为观止的分子产物。

河豚毒素

致命的美味寿司

本书或许向我们展示得一清二楚：许多众所周知的有毒分子在实践层面上却有着各种各样的应用。我们偶尔也会见到一些分子，它们本身就是无情的"杀手"。河豚毒素（TTX）就是其中之一。我们对它可能产生的疗效进行了大量的测试，然而，时至今日，我们依然没有多少收获。TTX似乎没有任何用处，唯一的特点就是毒性强。对于化学家来说，TTX分子十分值得研究，毕竟，它的环状结构不多见，而且十分复杂。

对于大众来说，TTX广为人知且臭名昭著的缘由在于其是河豚体内的有毒物质。河豚是一种鱼类，也是一道菜的名字。TTX是河豚的信息素，存在于这种鱼的全身上下，尤其是肝脏里。在日本，河豚是一道美味佳肴，需要由经受过专门训练的厨师亲手处理，把生鱼里的TTX含量控制到最低。

我们的身体通过电脉冲完成神经细胞和肌肉细胞之间的交流。细胞壁里的通道起到了至关重要的作用，因此，带有正电荷的钠离子可以通行，从而形成电位差。TTX在人类和多种动物体内会和钠离子通道结合，一旦TTX堵住了这些通道，就容易造成瘫痪，而麻痹了的胸肌最终会导致窒息。当然，河豚自身从来不会受到影响：它们的钠离子通道恰好有所不同，TTX对它造成不了任何威胁。

● 河豚毒素里带有氮原子（蓝色）的结构也许会造成钠离子通道的堵塞。

181

士的宁

文学里的毒药

在阿加莎·克里斯蒂（Agatha Christie）的首部小说《斯泰尔斯庄园奇案》里，富甲一方的埃米莉·英格尔索普离奇死亡。她的死因很快就得到了证实：她是被士的宁毒死的。士的宁是一种常见于热带作物马钱子里的物质。阿加莎·克里斯蒂曾多次描述过它。其他不少小说作家和编剧也纷纷效仿她。士的宁会引发十分惨烈的症状，例如严重的疼痛和肌肉痉挛。

士的宁的分子结构尤为复杂。全合成是化学领域的一个分支，指的是通过商业化的分子制造出天然产品。在这个领域里，人们不断研发出新的制造士的宁的方法。早在1954年，诺贝尔化学奖获得者罗伯特·伍德沃德（Robert Woodward）就首次合成出了士的宁。这个合成过程需要历经29个化学步骤。如今，我们只需要10个化学步骤就可以做到这一切。

士的宁常常被用作灭鼠剂，而令人惊讶的是，它同样还被当成兴奋剂使用。1992年，中国的一名运动员在奥运会期间遭到禁赛，原因就是她因误食药物被验出了士的宁阳性。她的幸运之处在于她所承受的最严重的后果是禁赛。1904年，赛跑运动员托马斯·希克斯（Thomas Hicks）靠着士的宁摘得了奥运会的马拉松金牌，可是，冲过终点后，他倒地不起，最终被担架抬走。

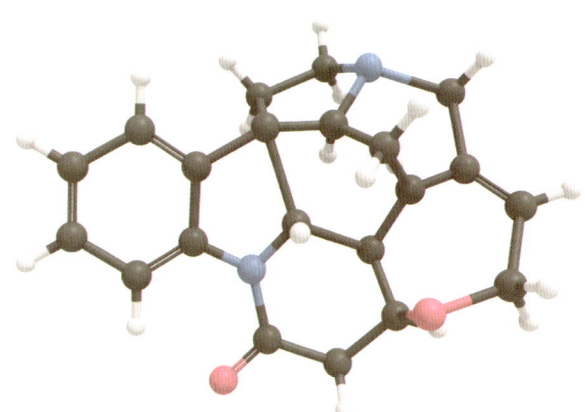

● 士的宁分子里至少有7个环。

肉毒毒素

能消除皱纹和情绪的细菌类毒物

TCDD（详见橙剂）或许是有史以来人类生产出来的毒性最强的物质。每1千克体重中只要含有区区几微克TCDD，就足够致命了。但与大自然相比，这一数量级显得相当业余：迄今为止所发现的毒性最强的物质比它厉害上千倍。

肉毒杆菌毒素（肉毒毒素）是一种蛋白质，它是由肉毒杆菌产生的。肉毒杆菌是一种厌氧的细菌，也就意味着对它来说，氧气是有毒的。在一个充满食物却没有或鲜有氧气的环境里，细菌茁壮成长，生产出新的肉毒毒素。死水底部的植物残渣有可能导致大量鱼群的毁灭，而食物未经消毒就装罐也十分危险。罐头食物膨胀起来则可能是产生了肉毒毒素，因为肉毒杆菌会释放出气体。

肉毒毒素会麻痹肌肉，每1千克体重里只要含有区区几纳克，就足以要人性命了。在低浓度的情况下，肌肉麻痹是无害的。因此，人们有时会刻意选择它，应用于各种疾病的治疗。肉毒毒素最广为人知的应用无疑是在美容行业。针剂的注入会导致部分面部肌肉麻痹，从而减少皱纹。当然，面部肌肉之所以长在脑袋上，并不是毫无作用的，因此，除皱的副作用之一是喜怒会不形于色。

纳米尺度

几纳克的肉毒毒素就足以要人性命，而一个分子的长度就是1纳米。"纳"这个单位有多小是显而易见的。可是，它具体小到什么程度呢？1毫米是1米的1/1000，这个长度我们大概还能想象得到。1微米是1毫米的1/1000，这就显得有点抽象了。细胞和细菌的大小以微米计，而一根头发的直径平均在几十至几百微米之间。1纳米是1微米的1/1000。"纳"这个用法来源于古希腊语里的"矮人"一词。如果我们能看见纳米刻度，就会发现，这个刻度上的东西只剩下分子了。比纳米更小的是皮米（纳米的1/1000），但是本书中我们不会用到它。毕竟，一个原子就至少几十皮米大了，比它们更小的粒子就交给物理学家去解决吧。

阿托品
嘴里的苦涩成就心脏的健康

阿托品是毒理学名言"剂量造就毒药"的完美例证。这种物质的名字源自于阿特洛波斯——希腊神话里负责切断生命之线的命运女神。阿托品常见于颠茄——一种茄科植物，区区几颗果子就足以致命。

阿托品中毒的症状有时被概括为"热如野兔、瞎如蝙蝠、干如枯骨、红如甜菜、癫如疯子"。低剂量的阿托品是一种常用的药物。这些症状恰恰能以积极的方式得到应用。

"红如甜菜"是心跳加速的后果；"干如枯骨"指的是黏液、汗液和口水分泌减少；"瞎如蝙蝠"的意思是病人因为瞳孔放大而视力下

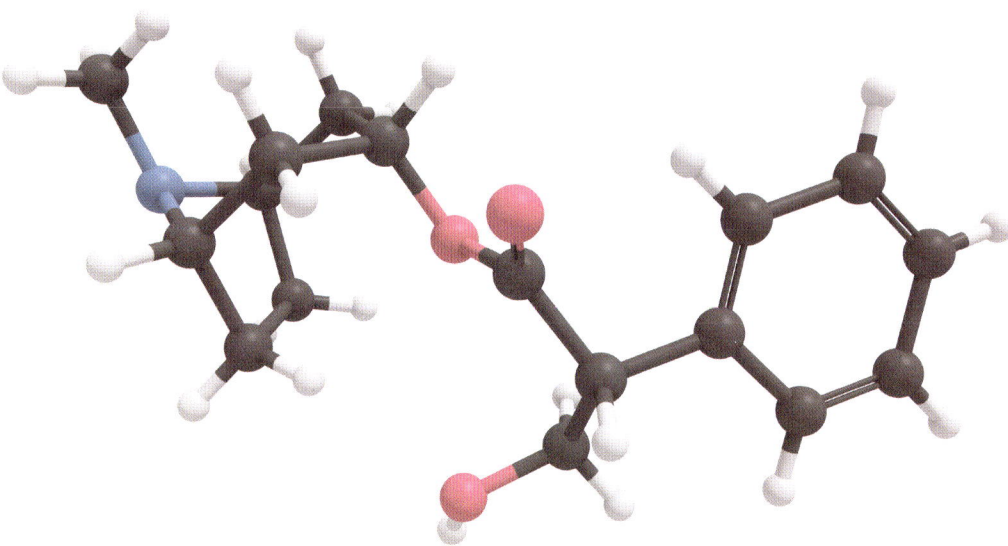

● 阿托品里含有两个环状结构。
它们通过酯键相互连接。

降。因此，阿托品被应用于心跳过慢、可能受到过量口水影响的手术以及视力检查。

　　瞳孔放大是颠茄被称为"贝拉多娜"的原因。这个词的本意是"美女"。文艺复兴时期，人们觉得放大的瞳孔尤其迷人，因此，意大利的女性把贝拉多娜的提取液滴入眼睛里。

蓖麻毒蛋白

大麻子和保加利亚雨伞

苏联国家安全委员会有许多特点，只不过，创造力一定不在其列。苏联国家安全委员会曾经的职员们是谋杀持不同政见者亚历山大·利特维年科（Alexander Litvinenko）的头号嫌疑人。这场清除异己的活动采用了剂量高得离谱的放射性物质钋-210。除此之外，苏联国家安全委员会或许也是"毒雨伞"事件的策划者之一，说句题外话，雨伞的设计还是挺巧妙的。

1978年，保加利亚的持不同政见者乔治·马尔柯夫（Georgi Markov）在伦敦的滑铁卢桥上行走时，感觉自己的腿被轻轻戳了一下。4天后，他在医院去世。医生在他的腿上发现了一颗小小的空弹壳。它或许是通过雨伞里的内嵌发射装置打进他的腿部的。弹壳里装有蓖麻毒蛋白。这是一种毒性极强的蛋白质，常见于大麻子的果实里。尽管大麻子是一种常见的植物，可是，大麻子中毒的状况却十分罕见。我们得把它的豆子彻底嚼碎，才能释放出其中的蓖麻毒蛋白。

用蓖麻毒蛋白故意毒害别人，区区几毫升的剂量就足以致命了。几年前，就曾有人给巴拉克·奥巴马（Barack Obama）寄送含有蓖麻毒蛋白的信封，企图通过这种方式毒害他。连续剧《绝命毒师》的粉丝们必定清楚地记得恶贯满盈的蓖麻毒烟。

毒芹碱

从苏格拉底到莎士比亚

豺狼之牙巨龙鳞，
千年巫尸貌狰狞；
海底抉出鲨鱼胃，
夜掘毒芹根块块；
杀犹太人摘其肝，
剖山羊胆汁潺潺；
……

在《麦克白》的第四幕里，三个女巫正在研制一种迷魂汤。她们挑选了一堆原料，而这些原料恰恰都与罪恶脱不了干系。这其中就包括毒参的根，它含有毒药毒芹碱。

与这一章里的大多数纯天然产品相比，毒芹碱的结构看起来十分简单，甚至还有点"天真无邪"。这些全是假象。要知道，毒芹碱的毒性可是很强的呢。它会与乙酰胆碱的受体相结合。乙酰胆碱是激活肌肉的神经递质（详见沙林和塔崩）。胸肌麻痹后，受害者喘不上气来，感到窒息，死神往往就在这个时候如约而至。毒芹碱的结构与尼古丁相似。尼古丁也可以通过同一机制致命。缓慢窒息似乎耸人听闻，但是，对古希腊人而言，这却是一种人道的死法。他们将饮用毒参的提取液作为一种刑法。就连苏格拉底也是因此而死，他被判处死刑，罪名是对雅典的年轻人产生了坏的影响。

● 毒芹碱，又名(S)-2-丙基哌啶。

长叶薄荷酮

科特·柯本（Kurt CoBain）的堕胎茶

坐下来喝杯薄荷茶

萃取我生命中的精华

坐下来喝杯薄荷茶

我是个贫血的贵族

——摘自涅槃乐队的《薄荷茶》

歌曲中没有说清楚是什么人推荐科特·柯本喝"（唇萼）薄荷茶"，反正，那个人肯定不是他的好朋友。唇萼薄荷是唇形科薄荷属里稀有的一员。自古以来，唇萼薄荷的提取液一直被当作堕胎药使用。唇萼薄荷的油主要是由长叶薄荷酮分子构成的。干的唇萼薄荷很容易弄到，长叶薄荷酮在本草疗法领域里的假想功效也广为人知。

实际上，求助于长叶薄荷酮提取液的绝望妇女们并非总是能如愿以偿。长叶薄荷酮是有毒的。妇女堕胎常常失败，甚至还会以中毒而死收场。古代的医生总是建议使用长叶薄荷酮。但如今，去持有执照的医生那里看病才是对健康负责的表现。

唇萼薄荷和它的远亲辣薄荷一样，散发着一股沁人心脾的气味。只要看一看唇萼薄荷和薄荷醇（详见薄荷醇）的化学结构，就不难发现其中的原因。它们的结构非常相似。而细微的差异恰恰产生了巨大的影响：我们可以吃下大把的辣薄荷，身体却丝毫不受影响。

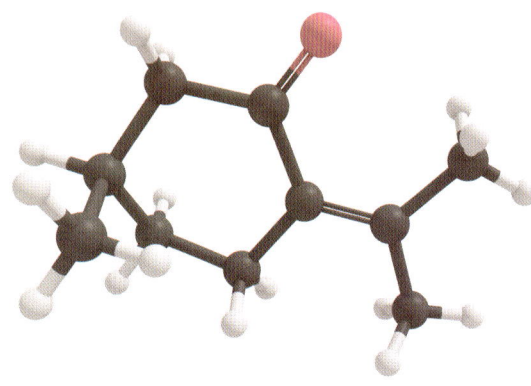

● 长叶薄荷酮的气味很好闻，但是，它是有毒的。

188

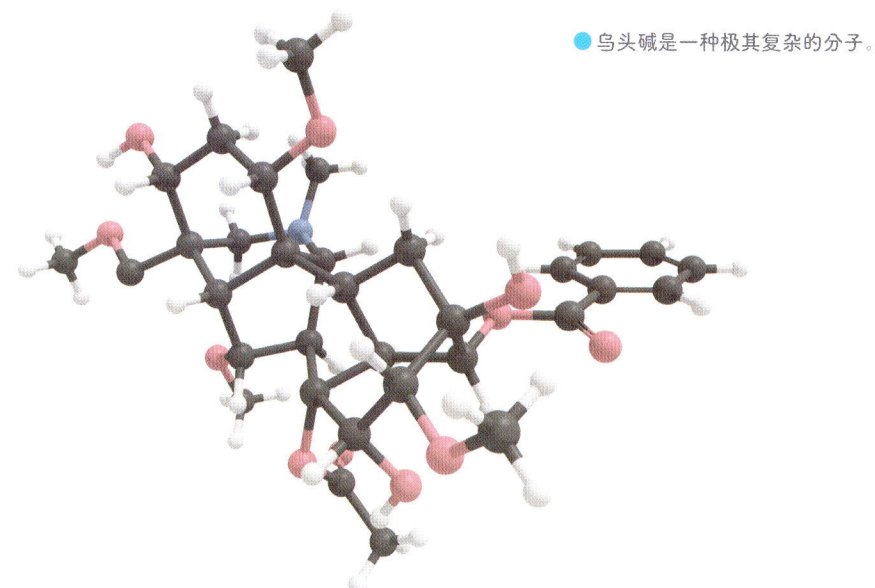

● 乌头碱是一种极其复杂的分子。

（伪）乌头碱

恶狗唾液里的凶残"僧侣"

希腊神话里的半神赫拉克勒斯因为杀死了自己的孩子，不得不完成12项伟大功绩来赎罪。为了完成最后一项任务，他下降到冥府，抓走了长了3个头的狗刻耳柏洛斯。古罗马作家奥维德（Ovidius）在《变形记》里详尽描述了当这个动物见到阳光的时候，它是怎么朝四周喷出有毒的白沫的。这种白沫在岩石间生长，成了乌头草。

乌头草开出的花形似少林寺的僧侣。早在古时候，乌头草里的活性物质乌头碱和伪乌头碱就已经是臭名远扬的毒药了。在传统的东方疗法里，它们被当作镇痛药使用。当然，这样做不无风险。乌头草是一个雷厉风行的"杀手"；一个伦敦人在吃下他前女友做的掺了乌头碱的咖喱后，没到1小时就死了。

在荷兰，乌头草极为罕见，也幸亏如此，要知道，就算是不小心碰了它一下，也会有致命的危险。几年前，一位园丁因为工作时过于靠近乌头草，在5天后病发身亡。乌头草开出的花有着十分奇特的形状，美艳绝伦。幸好，我们依然能在一些植物园里远距离地观赏到它的风姿。

气味

　　古希腊哲学家亚里士多德是一位才华横溢的人。他不仅是哲学家，同时也是科学家，是亚历山大的老师，是心理学家，是政治学者，他偶尔在休闲时间模仿马的动作，在忙忙碌碌之余还定义了我们的五种感觉官能：视觉、嗅觉、味觉、触觉和听觉。他把嗅觉和火联系在一起，因为在他看来，气味是一股烟雾缭绕的蒸汽，而烟就是从火里来的。正如我们所看到的那样，亚里士多德还很擅长构思巧妙的比喻，说到与化学的联系，他的观点是正确的。嗅觉的确完完全全属于化学。

　　芳香分子在空气中游走，通过我们的鼻子被吸入体内。那里大约有400个各种各样的感受器。每当一个气味分子与一个感受器相连接时，一系列复杂的化学过程就开始了，它们最终会将信号传递给大脑，从而让我们识别出这种气味。通过感受器的相互合作，我们可以分辨出10亿种不同的气味。当然，有些气味闻起来更加沁人心脾。在这一章里，让我们进一步看看几种备受关注的气味。

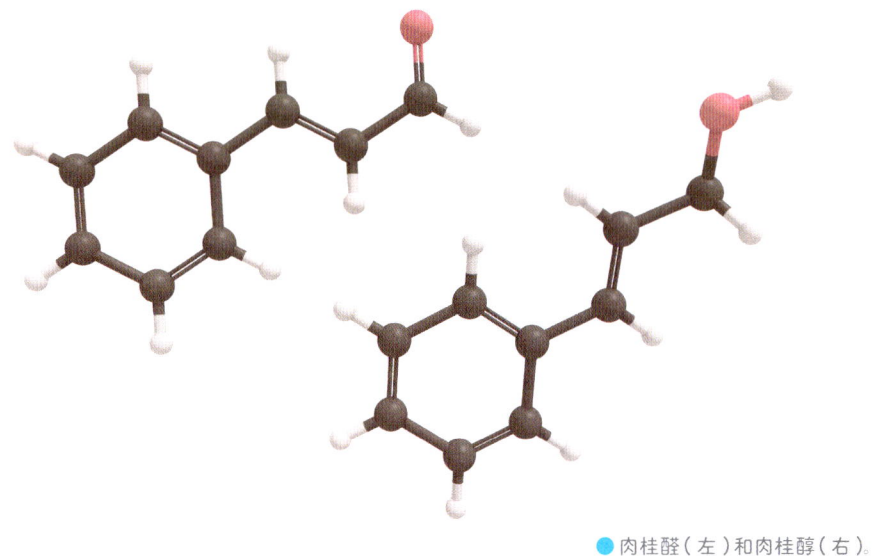

●肉桂醛（左）和肉桂醇（右）。

肉桂醛

受到神鸟守护的昂贵分子

在遥远的东方有一座很高很高的山，山上有一座陡峭的山崖，肉桂鸟就在那里用泥土和肉桂棒筑巢。想要得到肉桂，唯一的办法就是给鸟儿们喂食大块的肉。等它们把肉块叼进巢里，巢就会因为承受不住重量而裂开，坠落到地上。显而易见，获取肉桂是一个费时且危险的过程，相应也就需要付高昂的价格。至于古希腊的历史学家希罗多德（Horodotus）本人是否相信这个故事，我们或许永远都无法得知，可是，出售肉桂的阿拉伯人却十分热衷于将这个故事传遍欧洲大陆。在长达数千年的时间里，他们垄断了出售肉桂这项能带来滚滚财源的业务。后来，葡萄牙人和荷兰人也因此发家致富。

除胡椒之外，肉桂是欧洲卖得最多的香料。我们大多将肉桂和甜品（例如苹果馅饼和月桂焦糖饼干）联系在一起，然而，在亚洲和阿拉伯的菜肴里，人们也将它们用于咸味的菜肴。肉桂这个词源于拉丁语里的canella一词。这个词的意思是"棒子"，形容的是肉桂树又卷又干的树皮的形状。肉桂的独特气味主要来自肉桂醛分子。

191

正如本书里的大多数芳香物一样，肉桂醛分子的结构与其他一些芳香物密切相关，有时候，这些芳香物的气味与它截然不同。

分子结构一个小小的变化就能对分子的特性产生巨大的影响。例如肉桂醇，与肉桂醛相比，它仅多了两个氢原子，但是，它的气味闻起来更像百合或者风信子。这两种物质都能溶解于酒精，相对易挥发，因此，它们常常被用于制造香水。

樟脑
奶奶大衣上的味道

"它们把我的大衣啃食一空，只因为飞蛾也不能总是挨饿。"
——摘自多鲁斯（Dorus）的《两只飞蛾》

每一个曾经在奶奶的衣柜里躲过猫猫的人一定都还记得樟脑的清新气味。樟脑是一种驱赶蚊虫的物品，也是樟脑丸最重要的活性成分。对于那些他们的奶奶已经不再使用樟脑丸的人来说，樟脑丸是一种用来驱赶袋衣蛾的丸子。袋衣蛾以有机材料为食，例如棉花和丝绸（更多信息可参考多鲁斯的经典作品《两只飞蛾》）。大剂量的樟脑是有毒的，因此，如今的樟脑丸里含有一种低劣的（且不可生物降解）物质——1,4-二氯苯。

自然界中只存在樟脑和它的镜像异构体其中的一种，然而，二者的气味却一模一样。樟脑是从樟树中提取出来的，而樟树主要生长在东亚地区。在那些地

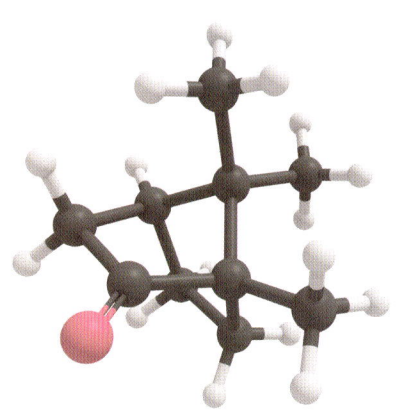

● 1907年，樟脑成为世界上第一个被工业全合成的纯天然产品。

区，人们自古以来一直用它治疗各种各样的小毛病，尤其是呼吸道疾病。别以为樟脑有什么神奇的医药特性，不过，它确实能提升血压、促进深呼吸和治疗咳嗽。

樟脑在初期塑料的开发过程中占有重要的地位。纤维素是植物纤维最重要的成分。如果把这种物质同硝酸和硫酸一起加热，就会产生带有爆炸性的硝酸纤维素，它也被称为火棉胶。1870年，正在寻找新的材质制作台球的约翰·韦斯利·海厄特（John Wesley Hyatt）用硝酸纤维素和樟脑制成了"赛璐珞"。象牙台球是那个年代的黄金标准，可是，大象的数量正在以肉眼可见的速度减少。那个年代的人们很少为大象的生存状况而感到忧虑，可是，台球即将短缺却是国际资产的危机。

赛璐珞也可以被制作成柔软的薄片，因此它伴随了电影业的萌芽与成长。当时用来拍照片的材料，例如玻璃，并不适合用来记录移动的影像。只可惜，赛璐珞极其易燃。因此，很多年前它就被其他塑料所取代了。电影业不再需要樟脑，但是，它凭借着强烈的气味依然为我们所用，而且，我们还将它用在烟花里，让它为烟花增添靓丽的颜色。

丁香酚

印度尼西亚的气味

丁香酚是丁香油的主要组成成分。它常见于一些广受欢迎的香水里。它为这些香水增添了一股草本而又甜美的木香。丁香酚具有抗菌的功效，并且能抑制霉菌的增长，因此丁香是一种有效的防腐剂。在印度尼西亚，丁香酚的气味无处不在。那里很大一部分人都吸食丁香烟——一种用烟叶与丁香的混合物制成的香烟。

丁香酚有轻微的麻醉功效。牙医有时用它为病人缓解轻微的牙疼。丁香和家庭常备的药品一样，对付问题牙齿有奇效。早在中世纪时期，丁香就传遍了欧洲。然而，那个时候，丁香十分稀少，因此价

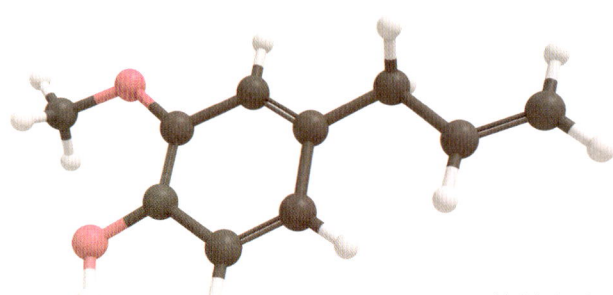
● 丁香酚是香草醛合成物的原材料。

格很是昂贵。17世纪初，荷兰人占领了马鲁古群岛。

世界上绝大多数的丁香都产于这个地方。为了进一步提升丁香交易所带来的收益，荷兰东印度公司禁止在安汶岛以外的任何地方种植丁香（方便起见，他们砍掉了生长在安汶岛以外的所有丁香树）。这样一来，荷兰东印度公司就能轻而易举地维护自己的垄断地位了。直到100年后，葡萄牙人才成功地偷走了一棵丁香树，把它移植到了毛里求斯。在此之前，丁香酚是荷兰维护其在黄金时代的贸易统治地位的重要一环。

麝香酮

诱惑香水里的性感分子

经典的香水是由三类气味组成的。我们最先闻到的是前调，不过，它转瞬即逝。这往往是最强烈、最清新的气味，就像柑橘那样。几分钟后，我们闻到的是中调，它通常更为柔和，就像许多花香一样。后调的出现令香水变得完整。一般来说，它更深远、更丰富，作用也更接近于固定剂。后调往往是由相对较大、较重的分子构成的，它们的挥发速度更慢。前调和中调由较小的分子构成。通过与固定剂混合，它们挥发得更慢，于是，香水的气味变得愈发长久。

对于香水来说，麝香是一种广受欢迎的原材料。它是一种经典且自然的后调。这种物质来自原麝的腹部腺体。雄性原麝散发出麝香，以此吸引雌性原麝。从理论层面而言，我们完全能够做到在不伤害原

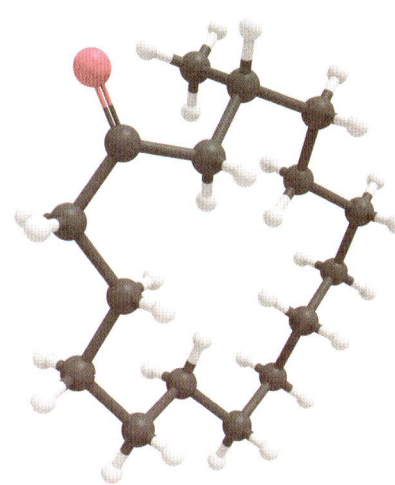
● 麝香酮手链形状的分子结构。

麝的情况下取得麝香。

只可惜，从一头死了的原麝身上切下整个腺体更加容易。如今，这种动物濒临灭绝。幸好，作为麝香中最重要的香味来源，麝香酮也完全可以在实验室里合成。传统中医往原麝身上冠以各种各样疗愈的特性。眼下，这种动物是不可能无忧无虑地在草地上吃草的。

丁酸

为什么我们总是觉得美国的巧克力吃起来像呕吐物

丁酸是一种简单的酸，常见于黄油中（很惊喜哟！）。黄油中大约80%是脂肪酸，其中约有3%是丁酸。当这种物质存在于甘油三酯里时，它没有任何气味。但是，一旦黄油老化或者变质，脂肪就会释放出脂肪酸。这种气味很是让人上头：丁酸也是呕吐物所散发的气味。因此，丁酸不会被轻易加入巧克力中，然而，事实上，丁酸被大量添加进去了。

美国巧克力的味道和欧洲巧克力很不一样。美国巧克力有一种酸酸的味道，欧洲人往往觉得不太好吃。巧克力的精确配方是公司机密，不过，这种味道和丁酸极其相似。假如我们在没有冷藏条件的情况下长途运输牛奶，那么牛奶就会发酵。然而，我们也可以提前通过有计划的发酵令这个过程处于我们的掌控之中。丁酸就是发酵过程的副产物。

● 丁酸，又名正丁酸，是警犬的重要气味信号。

在美国，奶农和工厂之间的距离比欧洲远得多。因此，在没有冷链运输的年代，有计划的发酵是唯一保持牛奶不变质的办法。美国的消费者早就习惯了丁酸的味道，因此，至今为止，厂商依然保持了让牛奶部分发酵的做法，或者直接往牛奶里加入一些丁酸。

香豆素

从林间的清香到灭鼠剂

馥奇是经典的香调之一，换句话说，它是香水的一种属性。这类香水的特点就是森林般的清香。"馥奇"这个词在法语里是"蕨类"的意思，之所以用这个词来形容这种香调，是因为香水"皇家馥奇"。皇家馥奇是世界上第一种含有合成成分的香水。也就是说，它含有一种在实验室里制造出来的分子，而不是纯粹从天然的油或者提取液里得到的分子。这种合成成分就是香豆素——这种分子原本自然存在于香豆中。

多种香水（尤其是馥奇品种的香水）都以香豆素为后调。这种香味闻起来就像烘干的青草，但是，也很容易让人联想起香草。除芳香物以外，香豆素也是医药工业上的一种重要分子。这种随手可得的分子是华法林（一种抗凝剂）合成的出发点。值得一提的是，这个名字的来源与战争无关，而是以美国威斯康星校友研究基金会（Wisconsin Alumni Research Foundation，WARF）命名的。

华法林的结构看上去与维生素K十分相似。维生素K能促进血液凝固，我们的身体不断回收维生素K。华法林与一种负责回收的酶结

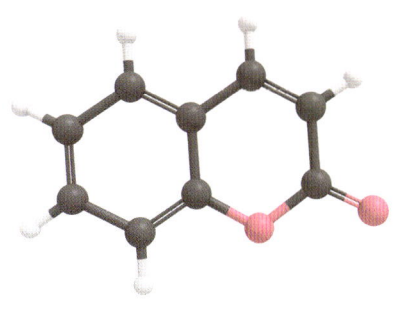

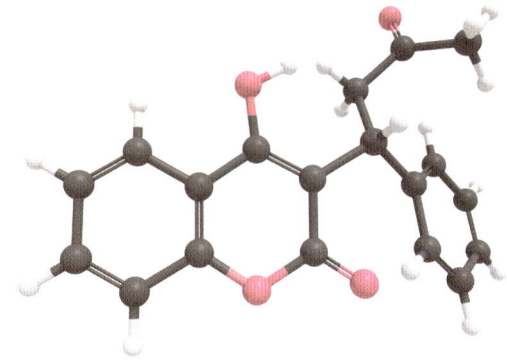

● 香豆素（上图）是合成维生素K（右下图）
  和华法林（右上图）的原材料。

合，由此降低这一过
程的效果，令血液
不那么容易凝固。这
对血栓患者是非常有利的，
可是，一旦华法林起的作用太大，
就有可能导致内出血。因此，华法
林也是一种有效的灭鼠剂，过量
的华法林可不是开玩笑的。香豆
素具有抗凝的特性。幸好，只要
不是一口气喝下一整瓶馥奇香水，我
们的身体就不会受到影响。

香芹酮

镜像异构体的最大差异究竟是什么?

香芹酮不是一个分子,而是两个分子。右旋香芹酮和左旋香芹酮是一对镜像异构体。它们两个都是芳香物,只不过,右旋香芹酮闻起来比较像莳萝或是葛缕子,而左旋香芹酮闻起来更像薄荷。这听上去也许很奇怪,毕竟,这两个分子实际上拥有相同的结构,不过,它们的三维结构能清晰地展示这是怎么一回事。

右旋香芹酮和左旋香芹酮的形态完全不一样,因此,它们能与不同的受体相结合。气味的差异并不是这两个镜像异构体之间唯一的不同点。右旋香芹酮能抑制土豆在存放过程中发芽,因而被用于农业,成为一种抑芽剂。左旋香芹酮能有效防御蚊虫。这两种芳香物对人体都没有什么害处,因此,我们能在各类化妆品和护理产品中见到它们的踪迹。

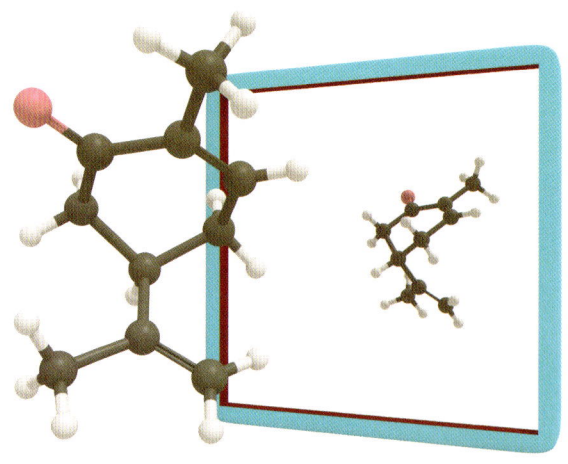

●左旋香芹酮和右旋香芹酮的镜像图示。

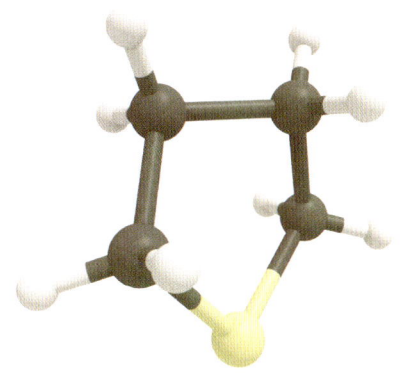

四氢噻吩

燃气为什么有一股气味

　　天然气是一种无色无味的气体。它主要
是由甲烷构成的，外加一点氮气和二氧化碳。我们当然不希望一打开
燃气，家里就变得臭烘烘的，可是，一旦出现燃气泄漏的情况，如果
我们难以察觉，就会酿成大祸。幸好有一个简单的办法可以解决这个
问题：往燃气里加入一种芳香物。

　　想要找到一种适合与燃气相结合的芳香物并不是一件容易的事。
它必须是一种刺鼻且绝对不会被认错的气体。但是，当燃气燃烧时，
它的气味又必须不易被察觉。这种物质必须是气态的，不能与天然气
或者燃气管道发生反应，不可以含有毒性或者引起不适。在荷兰，我
们所选用的气体是四氢噻吩。它小小的分子里含有一个硫原子，通常
具有强烈的气味，闻起来很像大蒜或是臭鸡蛋。每1 000升的燃气里，
只需要加入18毫克四氢噻吩就足以让它散发出臭味。只要燃气阀打
开一小会儿，四氢噻吩就可确保我们会立刻把它关上。我们不需要在
这里详细描述这种气味。任何用过燃气灶的人都识得这种气味。

清洁

　　终于，我们来到了让每一个人都与化学产生联系的一章：清洁。不过，你可千万别被印在清洁剂瓶子上的晦涩难懂的术语吓到了。"阴离子表面活性剂和荧光增白剂"？或许，厂商是想要唬住我们，事实上，如今的清洁法则和几百年前并没有什么区别。由专人设计的瓶子里所装着的肥皂分子往往和中世纪的一块肥皂有一模一样的功效（就连它们的结构也往往一模一样）。

　　当然，肥皂工业偶尔也会革新，但是，工业上的变革灵感往往来源于大自然。就以螯合分子为例，它们被加入洗涤剂中以结合阳离子。可是，大自然母亲早就已经想到了：没有螯合作用，我们全都会因窒息而死。作为负责在血液中运输氧气的蛋白质，血红蛋白如果没有一个螯合基团来固定结合氧气所需的铁离子，就无法工作。盥洗盆柜子里有许许多多有趣的东西。在本章里，让我们一起来看看几个让我们的双手保持洁净的有趣的分子和过程。

泡沫

蛋白酥皮饼干、啤酒和乌拉诺斯的睾丸

在古希腊神话里，泰坦神克洛诺斯切下了父亲乌拉诺斯的生殖器，把它丢进了大海。在那一刻掀起的海浪泡沫中诞生了女神阿佛洛狄忒。你觉得这是胡说八道？也许吧，但这也有着坚实的化学理论基础。

泡沫是由一种气泡外加一层液体组成的。泡沫很不稳定，最终会被拆分成两个相。气体和液体之间的交界面是由两亲分子构成的。两亲分子同时具备亲水性和亲脂性。通常，它们是表面活性剂或者蛋白质。精液主要是由蛋白质组成的，其中包括白蛋白。它也是鸡蛋蛋白的重要成分。说到鸡蛋，只要快速地在空气中将其打发，就能用于制作美味的蛋白酥皮饼干。因此，精液和呼啸的海浪相结合，产生出泡沫也不是什么天方夜谭。就连啤酒里的泡沫也是液体里的蛋白质的功效。洗发水、牙膏和清洁剂里恰恰就含有表面活性剂。这些是清洁过程中必不可少的，让我们联想起清洁的泡泡来。

聚丙烯酸钠

宇航员是怎么上厕所的

在太空里，解决个人的卫生问题是 个十分费力的过程。牙膏在航天飞机里乱飘当然不太好，可是，如果宇航员迎面遇上同行人员的尿液，那才是真正的大麻烦。那么，宇航员究竟是怎么上厕所的呢？

空间站安装着吸尘器一般的厕所，可是，在起飞、降落和太空行走时，就要求助于一种分子了：聚丙烯酸钠。每当宇航员无法进入空间站的厕所时，他们就可以穿上所谓的吸收服——一种吸水的裤子。如果你觉得这听起来像是一块巨大的尿布，那就对了。吸收服本身就是一块巨大的尿布。

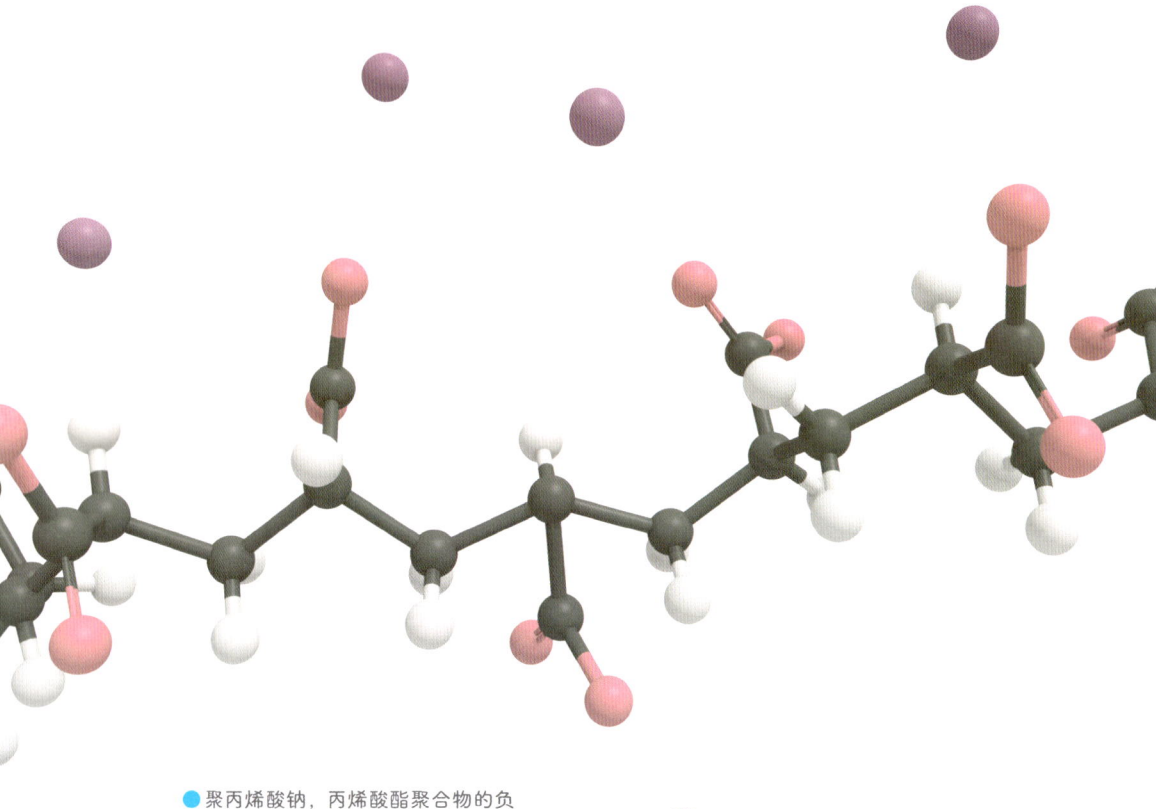

● 聚丙烯酸钠，丙烯酸酯聚合物的负
离子和正的钠离子。

聚丙烯酸钠是一种吸水性能极佳的聚合物，能吸收高达自身重量300倍的水。它也常见于人造雪：我们可以通过加水的方式，让白色的粉末变成硕大的白色雪花。只要往尿布里加入一丁点聚丙烯酸钠，就能让宝宝和宇航员的屁股都干燥舒适。

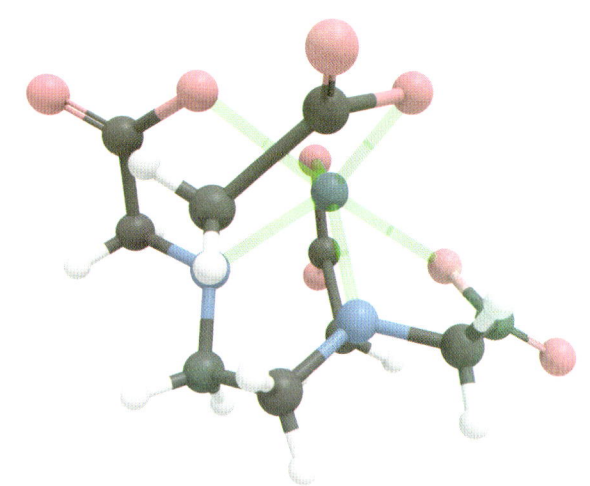

● 螯合分子依地酸困住了金属离子。

依地酸

肥胖男孩的可移动监狱

　　我们的身体离不开金属离子。血液里的铁与氧气相结合，钠则负责传输。只可惜，并不是所有金属离子都能很好地被我们吸收。比如铅，它的毒性就很强。在其他地方，四处游荡的金属离子也可能造成问题。说不定它们还会帮助酶一起分解蛋白质，从而破坏食物和化妆品。我们的自来水里含有大量的镁和钙。这些金属离子会形成水垢，而且还可能与肥皂发生反应。这种反应的产物是毫无用处的渣子，致使我们不得不往脏了的碗碟里加入大量肥皂，才能把它们洗干净。

　　幸好，我们找到了一个科学的解决办法——使用螯合物。对于金属离子来说，螯合分子简直就是一座可移动的监狱。"螯合"这个词来源于古希腊语里的chele一词，意为"爪"。螯合分子的形状很像环抱着金属离子的蟹爪，它通过这样的方式牢牢地连接着离子。乙二胺四乙酸（依地酸）与金属离子之间最多能建立6个连接，所产生的复合物非常稳定，使得金属离子再也无法得到释放，也不会产生其他反应。基于这种特性（以及依地酸只有在大剂量出现时才会有毒），我们可以在不计其数的消费产品中见到它。在肥皂或者睫毛膏里，它的作用不大，除非它遇到了一个落了单的金属离子。一旦发生这种情况，依地酸会立刻抓住金属离子，把它固定住，再也不撒手。这也是铅中毒时的标准药物，它会螯合人体里的铅离子，将它们包裹在严严实实的笼子结构里，且对人畜无害。

活性炭

茶匙里的足球场

碳是一种多面元素。它是本书里大多数分子的顶梁柱，但是，就算是纯碳，也依然十分多变。无论是铅笔里的石墨，还是钻石，它们都是完完全全由碳构成的，它们的区别仅仅在于原子的排列方向不同。

活性炭是碳的另一种形态。当有机材料燃烧时，就会产生木炭，木炭几乎完全是由碳构成的。用气体处理木炭时，可以使碳变得微孔化，从而使得碳里满是超小的洞孔。这样一来，木炭颗粒的表面积就变得非常大：2.5克木炭颗粒的总表面积加起来抵得上一个足球场。它所产生的后果就是碳颗粒能吸引其他物质，并与其他物质相结合。因此，活性炭是过滤液体和气体的完美工具。当发生中毒时，活性炭能协助中和有毒物质；当拉肚子时，它能吸收水分，从而将粪便变得黏稠。

漂白剂

为什么漂白剂和洁厕灵
不能放在一起使用

早在19世纪，医院可不是一个能让人安心的地方。鉴于当时的医疗水平有限，做手术是一件十分危险的事情，除此之外，染上败血症、坏疽或是丹毒的风险也相当大（导致死亡的风险丝毫不低于手术前的任何一种疾病）。

而随着消毒剂的出现，一夜之间，这些风险大多消失不见了。我们所说的消毒剂中也包括了平常的家用漂白剂。

漂白剂是次氯酸钠的溶液。它能消灭霉菌、病毒和细菌。我们将室内游泳馆里挥之不去的气味称为"氯"，可事实上，它是由低浓度的消毒剂带来的。它能抑制藻类的生长，并且能中和偶尔"不小心"进入游泳池的尿液。通常，我们在家里用漂白剂清洁马桶。它的功效很不错，但是，我们在使用时还是得小心为上。其他的清洁产品大多数含有氨或者酸。当它们与漂白剂发生反应时，就会产生氯和其他有毒的气体。

肥皂

布拉德·皮特的化学技能

我们每个人都曾经有过把蛋黄酱溅到裤子上的经历（难道不是吗？）。当这种意外情况出现时，我们很快就会崩溃地意识到，油和水是不相溶的，这种油渍不是用水龙头冲洗就能轻易去除的。虽然用脂肪和燃烧后的植物残渣的混合物来去除这种污渍或许不会是我们的第一选择，但是，这恰恰是我们最需要的。

肥皂是我们用脂肪或者油类的甘油三酯制成的。这些分子可能与苛性碱（氢氧化钾或者氢氧化钠）发生反应。苛性碱是木头或其他植物材料燃烧后所产生的物质。在这个反应里，甘油三酯被分解成甘油和脂肪酸里的盐。这类盐是两亲分子。两亲分子这个词源于希腊语里的 amtis（两者）和 phllla（爱）。两亲分子里的 部分是疏水性的，例如脂肪酸里长长的碳链，它无法溶解脂肪；另一部分是亲水性的，例如盐，它可以溶解于水。当这些分子遇到蛋黄酱污渍时，碳链就会进入脂肪，而亲水的部分却漂浮在水面上。一大群肥皂分子基团（我们常称为表面活性剂）轻而易举地就能形成一个溶解于水的小球（即胶束），它是以蛋黄酱为核心的，于是，我们裤子上的污渍便消失不见了。尽管苛性碱是一种强碱，实际上可以溶解（人的）肉体，可是，肥

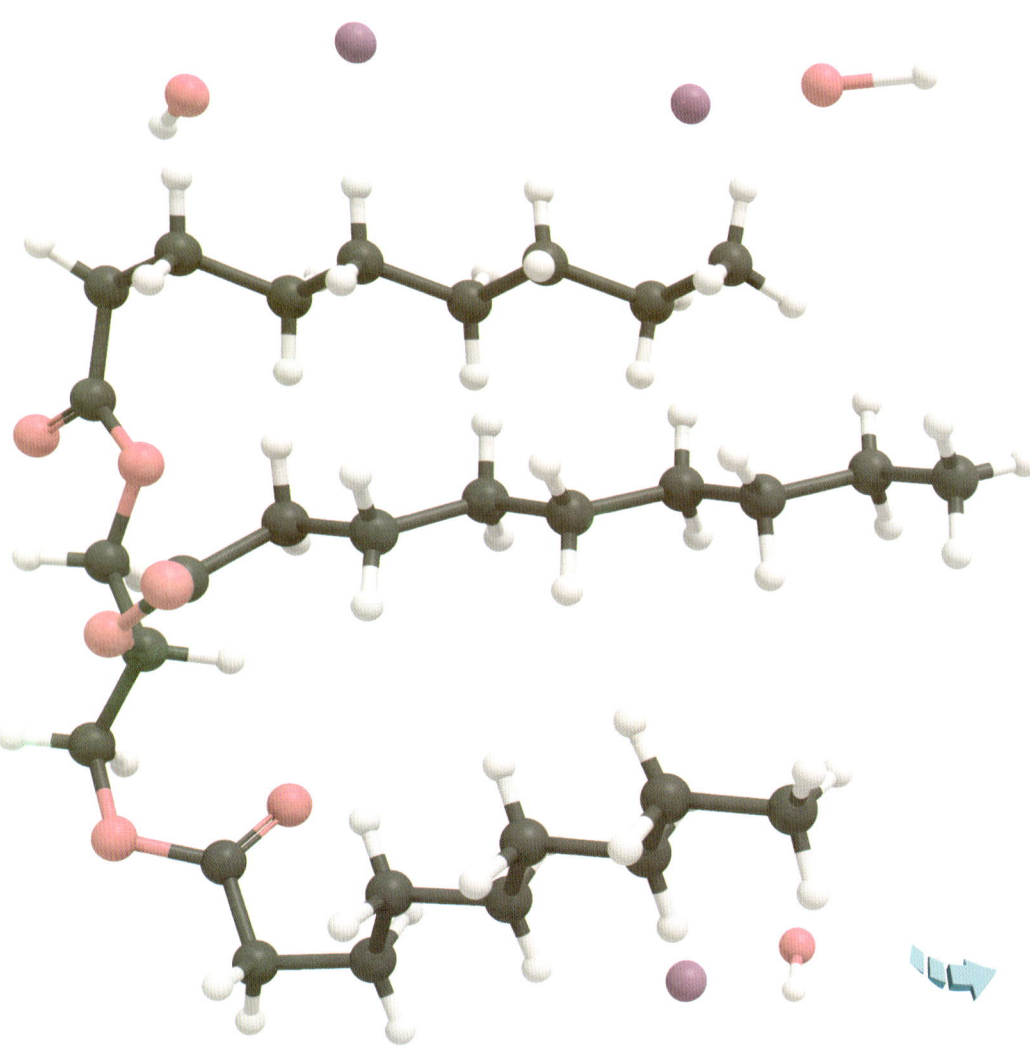

●脂肪分子（左）与苛性碱发生反应，产生甘油和3个脂肪酸盐（右），又称肥皂。

皂的制作并不是很复杂，我们在家里就能完成。想要了解关于肥皂的制作和对苛性碱危险性的相对精准的展示，可以看看电影《搏击俱乐部》。在这部影片里，布拉德·皮特就像一名真正的化学家那样，乖乖地戴着护目镜。

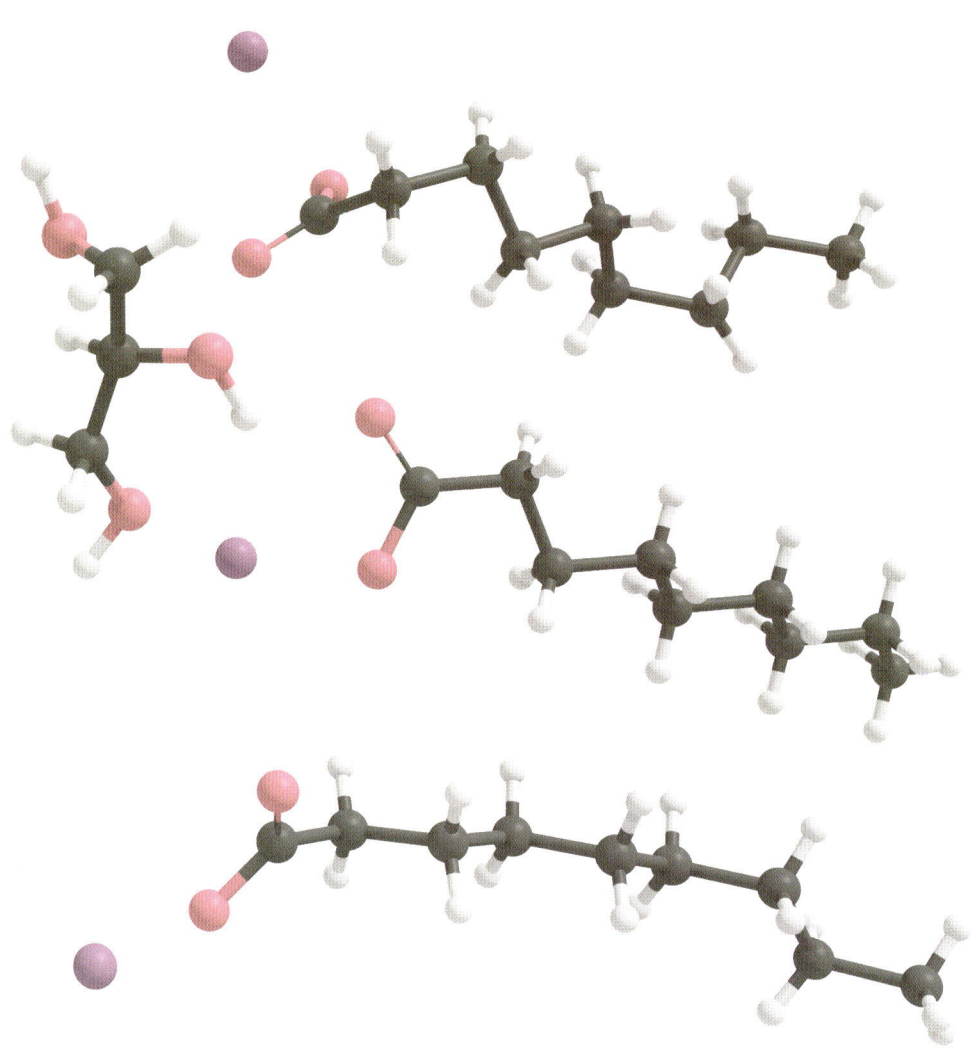

我们的分子世界

    分子或许很小，可是，在本书里，我们费尽心力想要向你展示它们的威力有多大。我们带领你穿越了亚马孙盆地、东京的地铁、加拿大的偏远小岛以及澳大利亚内陆的死水潭。然而，有一个十分特别的地方我们却一直没有去，那就是格罗宁根北部的实验室。有机合成化学研究组多年来一直潜心研究如何构建出最美丽的分子，以及这个世界上最小的开关、马达和机器。在这一章里，就为你讲讲我们实验室里的分子世界。

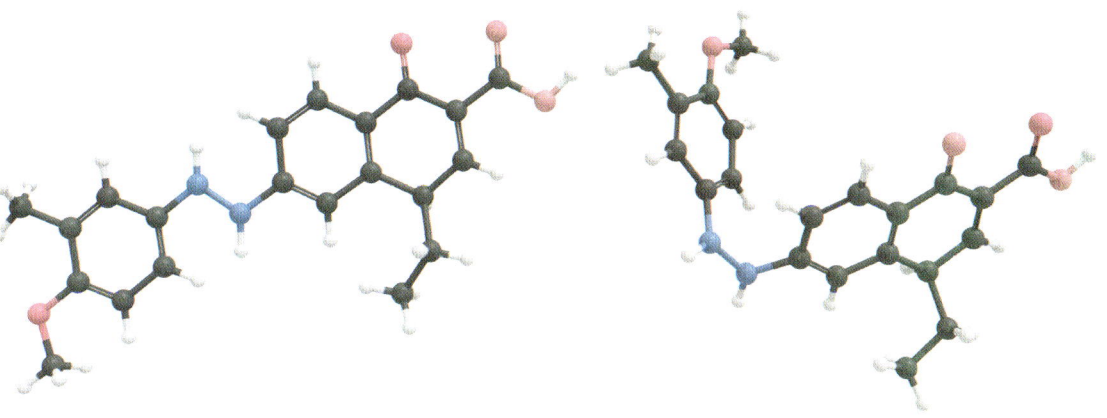

光药理学

可开可关的药物

查尔斯·达尔文（Charles Darwin）首度对自然选择的概念进行了阐述，基于基因突变的变异常在物种内部自然发生。由于某种变异而能更好地适应环境的单个生物体，其生存和繁衍的机会更大。成功的变异会传递给后代，最终使后代居于族群的统治地位，这个观念也被称为"适者生存"。

细菌也经历了自然选择的过程。每当某种抗生素消灭了某个群体时，个别种类的细菌依然可能只因为某天基因突变而存活下来。这种突变世代相传，直到整个族群都足以对抗那种抗生素。这种现象被称为耐药性。它也是21世纪最大的医学难题之一。想象一下，我们再也没有任何有效的抗生素可用，那会怎么样呢？到那时，我们可能因为小伤口导致的败血症而死去，就像19世纪时那样。

光药理学是一个全新的研究领域，它也许能通过在抗生素里安装分子开关，从而解决耐药性的问题。

新的抗生素将会存在两挡——"开"和"关"。我们可以通过光对它们进行控制。假如药物起作用的时间很短，耐药性形成的可能性就比较小。对光敏感的分子开关也被装进药物里，用于精准化疗。只要将光对准肿瘤的某个特定位置，药物起作用的范围就会被限定在那个位置。我们希望通过这种方式避免药物对身体的其他部位产生极端的副作用。

分子马达
又美丽又迷你

环顾四周，我们会认为，所有会移动的东西有一个固定的方向是很正常的事。桌子上的茶杯从上往下掉落，火箭自下而上飞入太空，自行车沿着街道前进。在分子世界里，这一切恰恰很不正常。如果能把镜头推进到一杯水里的分子或者天空里的分子，我们就会发现一个杂乱无序的世界。每个分子都肆意横行，绕着自身的对称轴，围着化学键乱转。一眨眼的工夫，就会有两个分子相互碰撞，紧接着又四下逃散。分子层面上的运动是持续不断的，且几乎永远都是随心所欲的。

假如你受到负责驱动肌肉运动的肌球蛋白的启发，想要制作一个很小的马达，那么你就必须使用一种完全不同的办法，而不是像你动手为电动车换个新马达那样。你可以在实验室里用小小的分子基石搭建起一个马达。可是，你会发现，它随心所欲地向前或者向后转动。那么，我们怎么才能操控这个马达的运动呢？我们的任务就是让这个运动统一方向。我们想让它只能向左转，或是只能向右转，成为一个分子马达。

在实验室里，我们已经对某特定种类的烯烃进行了若干年的研究。这些分子要是放在纸上，看上去则是扁平的，可事实上，它们却是由大量的原子构成的，这些原子聚在一起，互相挤压，所导致的后

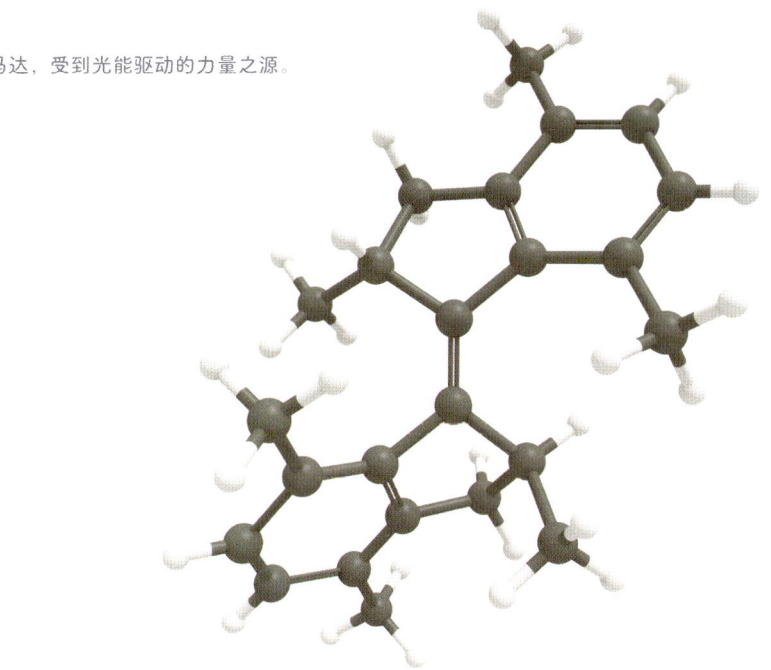

果就是分子形成了一个美妙的螺旋结构。这些分子之间的冲撞和其他任何一个分子都是一样的，但是，由于它们大多是芳香环结构，分子内的原子无法进行相斥的运动。

这些分子的正中央有一个双键，这是非常特殊的。如果把分子放在紫外线灯下照射，将其中一个键松开短短 1 秒钟的时间，那么，分子的其中一半就会相对于另一半，来个 180 度大转弯。至于这个翻转向左还是向右，则是完全随机的。

这个谜团里的最后一部分是当我们想要往已经很拥挤的烯烃里多基几个原子时发现的。在这个新的分子里，围绕中心轴展开的旋转运动不是随机的，反倒是保持同一个方向。如果用灯照射这种分子，其中的一半就会较另外一半继续之前的旋转。我们可以制造出这台机器的两个镜像结构：一个往左转，一个往右转。第一个受光驱使的分子马达诞生了。

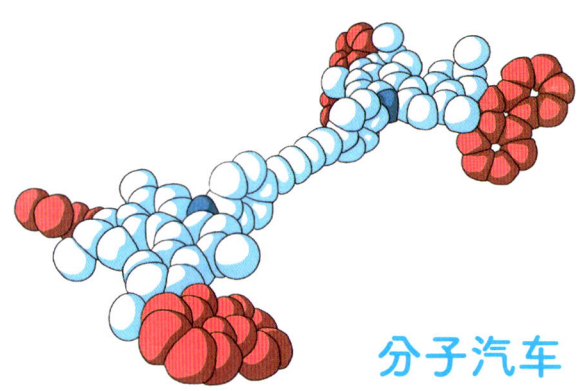

分子汽车

不是孩子们的玩具！

美国和俄罗斯都开发出了这种技能：他们能把物体缩小。这项技能是通过收缩每一个原子实现的，可是，它的缺点在于持续的时间只有1小时。一位才华横溢的科学家发现了如何让这种效果无限延续下去的方法，可是，他因为大脑里长了血块而昏迷不醒。为了挽救他的生命，也为了探索这个奥秘，一支医生战队进入潜水艇，把自己缩到细菌的大小，注入这位科学家的静脉。

你觉得这一切听起来太科幻了？那么你的感觉一点儿也没错。以上这个故事是1966年的电影《神奇的旅程》中的情节。从1951年的《爱丽丝梦游仙境》到1989年的《亲爱的，我把孩子缩小了》，再到2015年的《蚁人》，电影史上有许多被缩小的主人公。在实验室里，我们当然完全理解人们对这种小家伙的迷恋。

原子大部分是空心的，因此，收缩理论听上去也不是那么不可理喻。只可惜，我们不能收缩原子（这是由既定的自然法则决定的）。但是，有一件事情是可以实现的，那就是用原子取代常用的部件，构建出潜水艇或者其他交通工具。继发明了分子马达后，我们的研究小组马不停蹄地试图弄明白，有没有可能用它驱动一台分子机器。

也许，分子马达的模样与你之前见过的任何一种马达都不太一样，不过，一旦在中心轴上装了4个分子马达，它整体的模样简直像极了一辆小汽车。这也恰恰就是这个美妙无比的分子的本质。

这辆纳米汽车可以被放置在平面上，稳稳当当地行驶一段距离。

看来，暂时不需要派一队医生进入我们的血液了。说实话，我们目前连左转和倒车都还无法实现。幸好，这完全没有影响。最棒的科学创新很多都来源于大大的梦想。30年前，纳米汽车还是天方夜谭。这么说来，谁知道呢，或许再过30年，就会出现一艘纳米潜水艇把药物送到我们身体里的正确位置上。你依然觉得这听起来很科幻？生物医学在分子马达方面的应用早就不再是幻想了。就在几年之前，一组美国的研究人员成功地搭建出了能在癌细胞上钻孔的分子马达。

分子团队合作

靠光驱动的风车村

由于分子小得微乎其微，所以，它们的数量多得数不胜数。我们很难想象出极大的数量是什么样的，不过，我们还是来试一下吧：一杯水里少说含有 6 000 000 000 000 000 000 000 000 个分子。这个数字超过了地球上所有沙粒的总和。实际上，我们从来都没有碰到过一个单独的分子。事实上，单独一个分子什么用也没有。

你大可以放心地吃下毒性最强的毒药里的一个分子，吃完之后什

么感觉都不会有。想要闻、尝或者感受一个分子，我们需要更多的分子。

在实验室里，我们有特殊的显微镜。我们可以通过它们观察几种分子。这样一来，我们可以看见分子汽车是如何在平面上直线行驶的。我们的梦想就是有朝一日让这类汽车运送货物。如果能够成功，仅仅运输一个分子当然是不够的。我们需要的是几十亿辆汽车，让它们输送几十亿个分子。而这一点恰恰是困难之处。要知道，假如我们在平面上再放置一辆汽车，而它恰好又面朝相反的方向，那么，两辆汽车会朝着不同的方向行驶。我们总得想个办法让这些分子汽车全都朝着同一个方向行驶。简而言之，如果你希望实现一个可以观察到的真实的效果，那么，分子们就得共同合作才行。

为了达到这个目标，我们建造起了一座分子风车村。我们所制造出来的大多数分子马达都会被置于某种溶液里。于是，它们跌跌撞撞，直到其中一个站了起来，其他的也就渐渐地冒出了脑袋。在这座风车村里，平面上的所有马达都是朝着同一个方向的。如果我们能看见分子的层面，那么我们就会见到无边无际的场地，场地上满满当当都是小小的马达，它们全都朝着同一个方向前进。这么说来，简直和一座真正的风车村一模一样。只不过，它们不是靠风驱动的，而是靠光和热能驱动的。在阳光的影响下，运动的平面有什么样的作用呢？也许，在未来的某一天，窗户能自动清洗，汽车能自动修补划痕。

分子肌肉

微缩界里的肌肉男

纳米技术听起来很了不起，可是，它听起来或许也很抽象。我们总是觉得，要凭空想象出一个看不见的东西是一件很难的事情。化学家们对纳米层面的东西更加了解，因为他们不仅能用肉眼看，还能借助各种各样的科技。可是，实事求是地说，无论你的经验多么丰富，（用通俗点的话说）X光片或者核磁共振的胶片都是无法取代一张真正的照片的。假如你能把一位化学家缩小到纳米层面上，那么，他大概会被分子世界吓得目瞪口呆吧。

幸好，我们在实验室里开发出了几个精彩的样本，只要戴上一副好一点的眼镜，你就能看得清了。其中，分子马达最精彩的应用之一就是一个所谓的"感光分子马达的层级化超分子集合"。私底下，我们偷偷地称它为"分子肌肉"。

分子肌肉是由两性分子的分子马达组成的：分子的一边溶解于水，而另一边与水相斥。疏水的尾巴集中在一起，分子形成了小小的纤维。这些纤维相互缠绕，拧成一股绳，足足有好几厘米长。这是我们用肉眼就能看得见的。当我们照射这根绳子的时候，马达就会发动，渐渐地，肌肉有力地朝着灯源的方向弯曲。这个小小的"肌肉男"甚至能提得动一张极小的纸片。想想看吧，这张纸的重量是这个小马达本身重量的100万倍。这么说来，这真是一件令人讶异的事情。

215

来自大自然的涂层

可持续的构建块

　　石油主要被我们用于日常生活的方方面面。它不仅是我们汽车里的燃料，也是五花八门的各类产品的原料。就拿油漆和涂层来说吧，它们很大程度上是由石油或化石原料制成的。正如我们所知道的那样，地球上的石油储备是有限的，而将石油转化成涂层的过程需要消耗大量的能源，并且会产生大量的废料。为了遏制气候变化，不让我们的基本能源消耗殆尽，我们不得不对化学工业做出颠覆性的改变。这也就意味着我们必须转而使用可持续能源，并且采用更节能的生产过程。在实验室里，我们专注研究涂层的可持续化。想要达到这个目的，我们必须找到可替代资源，与此同时，开发出一个清洁而又可持续的化学过程，从而把这些原料转化成涂层。

在这个世界上，可再生资源的储备用之不竭。从原则上说，一切能够生长的东西都是可再生资源。对于化学工业领域来说，我们必须变得更加挑剔。涂层和油漆很重要，它们能保护物体的表面，让物体免受侵蚀和磨损。可是，它们并没有重要到我们愿意为之放弃食物的地步。目前，食物的紧缺已经成为全世界共同面临的问题，在未来的若干年里，这个问题只会变得愈发严峻。因此，一切可以供人类吃喝的东西就都被排除了。幸好，我们还有其他的替代品。就拿木质纤维素生物质来说吧，它是地球上最常见的生物质。木质纤维素生物质是植物木质部分的主要组成成分，它无法被人类食用。

想要把木质纤维素生物质转化成涂层，我们就需要用到绿色化学。在绿色化学领域，我们尽可能避免使用危险的物质，并且尽量减少生产所消耗的能源。这一点，我们需要从更宏观的角度进行思考。举例来说，因为加热需要消耗能源，而且使用能源的过程中还会释放出 CO_2，所以，我们尽可能地在室温下进行操作。

不久前，我们的实验室刚刚发明了新的办法，用木质纤维素生物质制作涂层。在这个过程中，我们只用到了氧气和一种简单的催化剂——一种用量很少且可以重复使用的物质。它所产生的副产物中只有一种是我们不想见到的，可它又可以被用在其他地方，成为有用的原材料。新的涂层与我们现在所使用的从石油里提炼出来的涂层很像，但它的功效也一点儿都不差。就这样，我们制造出了既实用又不会对我们所在的星球造成任何负担的材料。

一点背景

　　分子无处不在。这是一个无须说明的事实。几乎所有我们摸得到、闻得到、尝得到的东西都是由分子构成的。至于分子究竟是什么样的，这种知识就算不了解也没关系。只要你想，你就可以假装自己从没读到过这段话。你会读到有关猫屎咖啡和法国悖论的搞笑事实；读到为什么不可能找到不含E948的食物以及拯救爱普克·松德兰德的鼻子的是哪个分子；你可以把旁边的图片当作一种抽象的艺术。可是，假如你真心希望不通过课本就能了解一些关于分子和化学反应的知识，那么你就得继续读下去。在接下来的内容里，我们将向你阐释分子究竟是什么，以及这么微乎其微的一个小粒子与我们周围的世界有什么关系。我们会向你阐释应当如何理解分子结构，以及分子里各种各样的部分与材料的特性有什么关系。

从原子到分子

　　自然界里出现的最大的分子（例如DNA）比世界上最小的分子（氢气）重几十亿倍，可是，它们之间有一个共同点：它们全都是由一组相互连接的原子构成的。想要了解什么是分子，我们就得从这里说起。

　　原子是子山的化学基石。它们最初是由古希腊哲学家德谟克利特（Democritus）提出的。它的取名来源于古希腊语里的atomos一词，意思是"不可分的"。后来，人们才发现原子（亦被称为"元素"）不是不可分的，它是由许多更小的粒子组成的：我们暂时把与这个领域相关的事情交给物理学家们。原子是极小的粒子，原子的平均大小为100皮米（也就是0.000 000 000 1米）。换句话说，从尺寸上说，原子与弹珠的比例差不多就是弹珠与月亮的比例。世界上已知的各种原子有足足100多种，而我们时不时还会在这个基础上增加几个。

原子按照大小和重量，有序地排列在化学元素周期表上。这个体系的建立注定了我们可以提前预知尚未被发现的原子。早在1869年，世界上就有了第一个版本的化学元素周期表，它是由俄国化学家德米特里·门捷列夫（Dmitri Mendeleev）制作出来的。尽管它自面世之后经历过几次调整，但是，每一个新发现的元素都被整整齐齐地列入了表里。门捷列夫不喜欢乱涂乱画，所以，元素周期表里的每一种元素都是用1~2个字母的缩写表示的。如今，我们依然沿用这样的做法。

分子是一系列原子的组合；物质是完全相同的分子的集合。至于化学元素周期表里的大部分原子，我们在本书里都见不到，因为它们不常出现在我们周围的分子里。就拿世界上最重的那些原子来说吧，从95号开始，它们都是地球上十分罕见的原子。最右侧一列的元素，即稀有气体，无法与其他原子相结合，因此，也不能形成任何分子。有些原子是有放射性的，我们在日常生活中会避免使用它们。有些元素则非常稀少。例如砹，它实在太罕见了，谁也不知道它长什么模样。

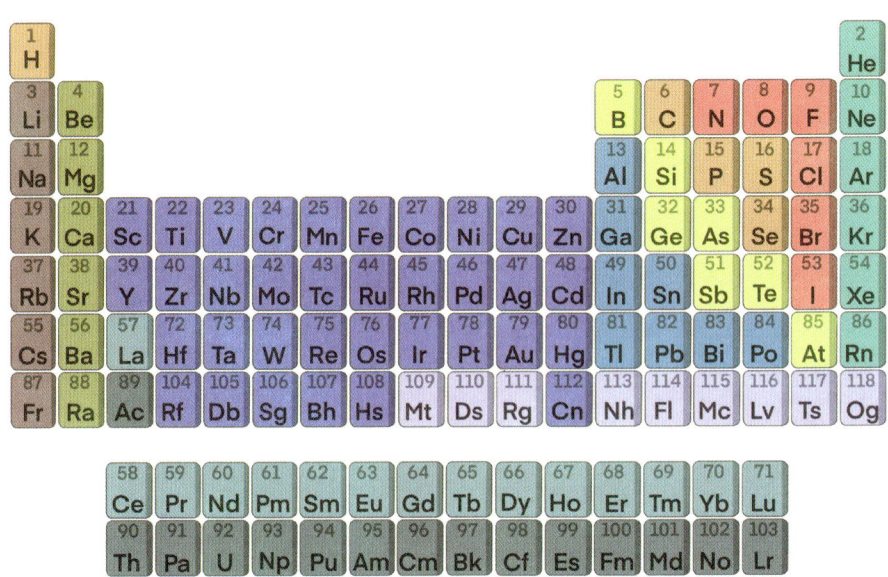

想要用一系列原子制造出一个分子，这些原子就必须能相互结合。为了清晰地阐释这一点，我们还是需要更近距离地看一看原子。最好的办法是让时间倒流到大约100年前，请教核物理学之父——欧内斯特·卢瑟福（Ernest Rutherford）。如果你学习物理，就会经常听到欧内斯特·卢瑟福这个名字，因为他对各种各样的现象进行了研究，并且常常能说出一些很有意义的话语。在近现代，只有不到20种元素是以人名命名的，而欧内斯特·卢瑟福就是其中之一（104号钅卢）。对于原子的模样，卢瑟福有了新的想法。如今，我们了解到现实总是比想象中的复杂很多，可是，卢瑟福的模型很简单，而且大体上是正确的，因此，在这里，讨论它比讨论量子力学的能级、电子密度或是深层次的旧量子论有意义多了。

kern （原子核）

neutron （中子）

Proton （质子）

elektron（电子）

在卢瑟福生活的年代，人们已经知道原子不是不可再分的，而是由更小的粒子构成的。它们有些带正电荷，有些带负电荷。他的模型看上去很像一个微型的太阳系：中央是一个很小、很重、装载着正电荷的原子核，负粒子（电子）沿着固定的轨道围绕着它旋转。这就像我们太阳系里的太阳，原子核几乎占据了原子的全部质量。它含有带正电荷的粒子（质子）和电中性的粒子（中子），二者的重量几乎相同。太小的数字很难纳入计算，我们创立了原子质量单位（生物学家喜欢管它叫道尔顿或者Da，我们也不知道是为什么）。原子质量单位被定义为一个碳原子质量的

1/12，即 0.000 000 000 000 000 000 000 000 016 605 390 4 千克。一个碳原子里含有 6 个质子、6 个中子和 6 个电子。

由于质子和中子的重量几乎一样，电子又几乎没有任何重量，为了方便，我们就把所有质子和中子的重量都四舍五入成 1。你觉得这种做法听起来不够精确？宇宙学家还常常把 π（约等于 3.14）四舍五入成 1 或者 10 呢。换句话说，就连科学家也会图方便。

让我们回到原子的构成。原子核是由不得我们随便摆弄的。如果想从中减少或者增加一个粒子，就必须令原子增加到极快的速度，或者加热到极高的温度。对于后院里没有核反应堆、粒子加速器和等离子灯的普通人来说，原子核是一座攻不破的堡垒。

原子核里的粒子被终生软禁了。然而，对于电子来说，幸好原子是一群走直线的嬉皮士。不用费多大力气，许多原子就能放开电子，或是多吸引几个电子。这里简直就是化学家们的游乐园。这下，原子也带有电荷，不再是中性的了。带有电荷的原子或者分子被我们称为"离子"。就拿带有一个额外电子的氯原子（Cl）来说吧，它带有负电荷：我们将它记录为 Cl^-。一个丢了两个电子的铁原子（Fe）则带有两个负电荷：我们将它记录为 Fe^{2+}。

这一切当然很有意思，可是，我们所谈论的依然是单个的原子。单个的原子有时是怎么变成分子的呢？这下就轮到电子出场了，毕竟，两个原子之间的联系是由两个电子建立的。一个氢原子（H）里含有一个围绕原子核旋转的电子。在一个氢分子（H_2）里，两个氢原子分别会松开自己的电子。它们会形成新的轨道，围绕着两个原子核。两个电子围绕着原子核，绕起了新的圈圈。这就像两个太阳系越靠越近，于是，它们最外侧的两颗行星突然围绕着两个太阳转起了圈圈，而不再是围绕着其中一个太阳转，只不过，其他行星会依然沿着自己的轨道旋转。就算是更大的分子，原理也是一样。每个原子每组成一个化学键就会放掉一个电子，而分子则通过化学键的组合结合在一起。因此，两个原子之间的化学键是通过共同的电子组合形成的。

一个原子不可能结合成无限多个化学键。就以氢为例吧，它只有一个电子，因此，它只能形成一个化学键。其他原子的电子数量或许更多，可是我们也会看到，大多数原子所形成的化学键数量几乎都是相同的。

我们所遇到的分子中，绝大多数都是有机分子，这就意味着分子里含有碳骨架。这些分子很大程度上是由碳（C）、氢、氮（N）和氧（O）构成的，此外，还常常带一些硫（S）和磷（P）。在特殊情况下，也会出现例外，可是总体来说，碳构成4个化学键时是最稳定的，氮是3个，氧是2个。硫和磷更灵活一些，因此，我们既能见到2个化学键的硫，也能见到6个化学键的硫。

分子里的化学键并非一定要与不同的原子结合。看看氰化氢就知道了。在碳原子所形成的4个化学键里，其中3个都是与氮原子结合而成的。它所导致的结果就是氮原子与碳原子结合得极为牢固。

| 氰化氢 | 硫酸 | 乙醇 | 苯 |

在这些示例中，分子看上去似乎是平面的。可事实并非如此。在本书里，我们看到了分子的三维立体结构。碳原子的4个化学键并不是扁平地排列成一个正方形的，而是彼此间尽可能离得远远的，形成四面体形分子构型（一座底部为三角形的金字塔）。这个基础理论是由首届诺贝尔化学奖获得者荷兰化学家雅各布斯·范托夫提出的。

到目前为止，我们所见到的化学键也被称为共价键。在本书里，

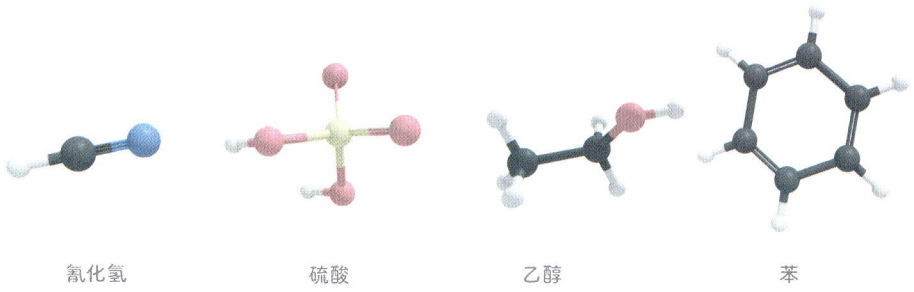

| 氰化氢 | 硫酸 | 乙醇 | 苯 |

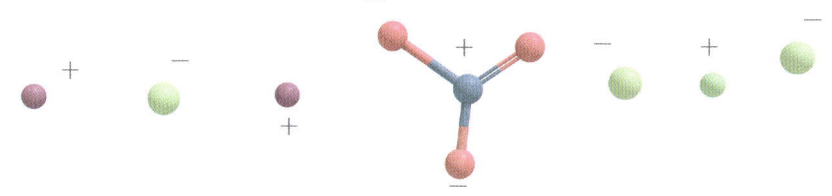

● 晶体化学键，从左往右分别是氯化钠、氯化铵、氯化钙。

有一个化学键是我们经常会遇到的，那就是离子键。正电荷和负电荷的离子相互吸引，形成原子间的键。盐就是这样产生的。一个正电荷的离子（阳离子，例如 Na^+）和一个负电荷的离子（阴离子，例如 Cl^-）相互吸引，并紧密连接。我们将这个组合称为 Na^+Cl^-，或者简称为 NaCl，反正正电荷和负电荷相互抵消了。两个离子不仅相互吸引，还会吸引下一个 Na^+Cl^- 组合。这种引力所导致的结果就是离子会以一个十分规律的结构排列，即晶体结构。由此，我们再也不能将它们视为单独的 NaCl 分子，因为每一个 Cl^- 都会与多个 Na^+ 相互吸引，反之亦然。

同分异构体和手性

一个分子或许只是由一组原子组成的，可是，决定分子属性的不仅仅是这些原子。C_2H_6O（2个碳原子、6个氢原子和1个氧原子）表示乙醇——一种沸点为78摄氏度的液体。当它与水、甘油、一些酸和单宁进行正确配比时，它能带给我们一个欢愉的夜晚。C_2H_6O 也可以表示乙醚——一种沸点为35℃的液体。当它把一块布浸透，堵住我们的鼻子时，它就会带给我们一个可怕的夜晚。这两种物质的区别就是分子的排序不同。

我们将由同一种原子构成却具有不同形态的两个分子称为同分异构体。对于各式各样的同分异构体，我们给予了各种各样的名称，它

● 二甲醚（左）和乙醇（右）。

们阐释了两个分子之间的不同，其中有两种是特别值得了解的。双键中含有两个碳原子的分子就有可能以顺反异构的形式存在。这些分子的结构几乎一模一样，它们唯一的区别就在它们的双键上。其中的原理是这样的：把你的两根食指互相顶住，你的两只手依然可以在不分开食指的前提下，朝相反方向转动。单键的运作方式也是一样的。单键两边的原子都能自由旋转（而它们也的确连续不断地转动着）。我们可以用两种不同的方式画出丁烷（C_4H_{10}）的结构。然而，我们看见的依然是同一个分子，只不过是转了一圈而已。如果我们把两只手的中指指尖也顶在一起，就会觉得灵活度降低了。试试把右手手掌向上旋转，同时把左手手背向上旋转，如果不分开手指，这是做不到的，这就是双键的运作方式。分子的两边不能相对彼此进行旋转。这样一来，我们一下子就有了同一分子的两种形式。我们将它们称为"顺"和"反"，这两个词最早源于拉丁语里的"同侧"和"异侧"两个词。

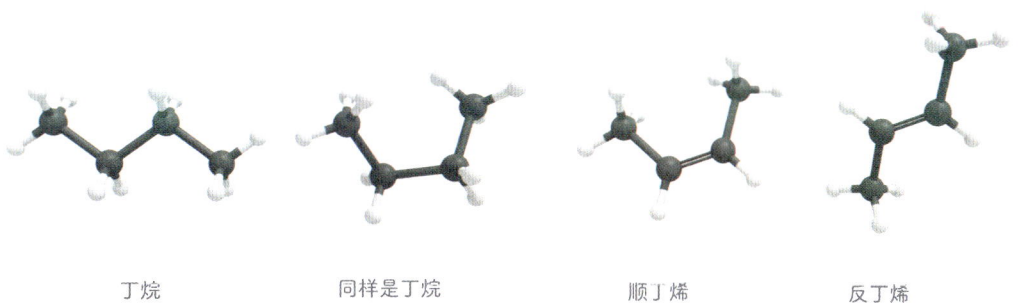

丁烷　　　　　同样是丁烷　　　　　顺丁烯　　　　　反丁烯

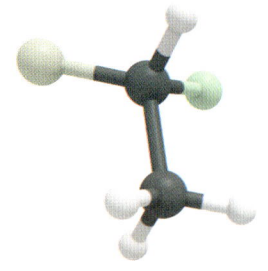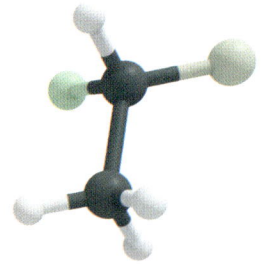

●氟氯甲烷。

　　我们继续用手展示顺反异构体的一种形式：手性。这个词起源于古希腊语里的kheir这个词，意为"手"。好好看看你的两只手。这两只手看上去十分相似：两个无名指的旁边各有一个小拇指，就连你的两个大拇指或许都是一样大的。你的两只手从各个方面来看都是一模一样的，只有一点是个例外：它们是镜像对称的。当某种物质与它的镜像翻版不完全相同时，我们就将它称为"手性"。诸如球和椅子一类对称的物品不具有手性，因为球的镜像翻版依然是一个一模一样的球。分子也可能具有这样的属性。上图这些分子是对映异构体，是彼此的镜像翻版。它们两个都含有一个与H、Cl、F和CH_3通过化学键连接的碳原子，但是，无论如何旋转右边的结构，都无法与左边的完全重合。

　　它们之间的区别看起来似乎非常小，但是镜像形态绝对不是那么容易互换的。如果你伸出你的左手，另一个人伸出他的右手，你们就会觉得握起手来很别扭。拿着家门钥匙的镜像翻版，你是打不开家里的大门的。如果你把右脚伸进左脚的鞋子里，立刻就会觉得不舒服。对于分子来说，两个对映异构体之间的区别可以非常大。在本书里，你会见到几个示例。

化学反应

　　分子之间的反应被称为化学反应。从表面上看来，化学方程式似乎很像复杂的数学，事实上，它们全都是几条简单规律的不同变形。

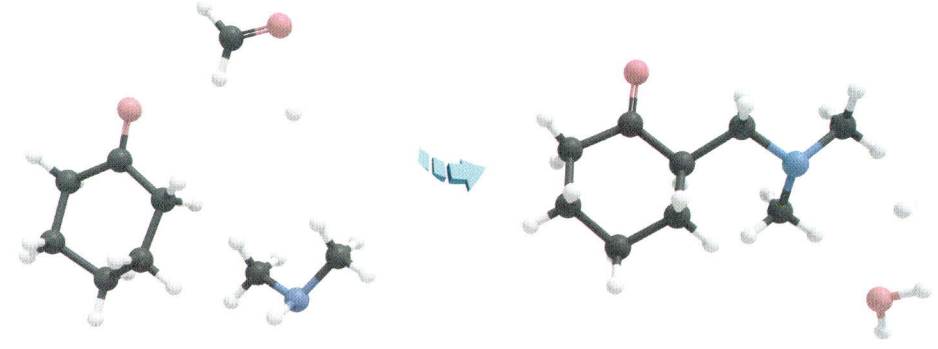

●曼尼希反应。

这么说来，研究实验室里所发生的反应也比表面上看起来的更简单：大多数反应说到底就是在正确的环境下把几种物质混合在一起。

化学反应出现在一个或多个分子（化学试剂）之间，并产出一个或多个分子（产物）。在一个化学反应里，原子之间的化学键会发生改变。一个分子可以分裂成多个分子，甚至改变结构。唯一保持不变的是原子的数量。我们无法凭空变出一个新的原子，也不能让一个原本存在的原子凭空消失，就好比我们不可能用8片切片面包做出5个三明治。具体可以参考上面的曼尼希反应。

在这个反应里，3个分子形成了2个分子。它们的外形看上去很不一样，但是，无论是箭头之前还是箭头之后，都有着9个碳原子、21个氢原子、2个氧原子和1个氮原子。这个反应的发生过程是打破一些化学键，再形成一些新的化学键。我们将这种分子的加法称为化学方程式。

从分子到材料/相态

我们无法用肉眼看见分子，因此，分子这个概念有点抽象。现在，我们已经知道了分子是怎么由原子构成的，以及原子之间是怎么连接的。我们也知道了，面对本书里的三维立体结构时，应该怎么去看。我们还了解了，只要把苹果、洗衣粉、拖鞋、吸尘器等物品放大到足够的程度，我们最终见到的就是一堆分子。

希望这些知识足以令分子从一个抽象的概念变成一个具体的粒

子。但是，单凭分子是不够的。想想看吧：水、冰和水蒸气之间的区别在什么地方？究竟是什么让我们成为人，而没有变成一堆分子？

正如原子间通过化学键相结合那样，分子也可以通过"分子间相互作用力"彼此"贴"在一起。这的的确确就是"分子之间的作用力"。想象一种气体，比如我们周围的空气。空气中的分子就不会受到分子间相互作用力的干扰。它们随心所欲地四处飘浮，散落在各个角落。如果我们释放出大量新的气体分子，例如煮一大锅水，它们是不会变成云朵逗留在炉灶上空的。相反，它们会自由地在整栋房子里穿梭。所有这些气体分子都会因为温度降低等原因失去能量，减缓在空间里运动的速度。它们的运动速度越慢，与其他分子接触的时间就越长。当它们的温度降低到一定程度的时候，它们就会开始感受到分子间相互作用力。它们逐渐贴在一起。厨房里的气体分子遇到走廊里冷冰冰的窗户，我们还没反应过来，水珠就沿着玻璃窗滑落了下来。当分子在液体里的时候，它们会相互连接，但依然能够自由运动。当分子失去了足够的能量时（也就是温度降低了），相互作用就会占据上风，到了某个时候，它们就再也动不了了。如果外面够冷，窗户上就会冻结出冰晶。每到那时，分子也同样被冻住了——它们无法运动了。除温度之外，气压也会对物质所处的阶段产生巨大的影响。在高山上，气压相对较低，液体的沸点也就更低，锅里的水更容易沸腾。

至于这种"相变"会发生在什么温度下，完全取决于它能承受多大的分子间相互作用力。诸如氮（N_2）、甲烷（CH_4）和氧（O_2）一类的分子在常温下都是气态的。如果想要让它们凝结（变成液体），就得把它们的温度降低到-150~-200摄氏度。水是一种很小的分子，但是它的分子间相互作用力却很大（详见氢键）。因此，水在常温下是液态的。只有当它被加热到100摄氏度的时候，它才会转变成气态。例如NaCl，一般的盐就是一大块分子间作用力的紧合。因此，在常温下，盐几乎永远都是固体形态的物质，只有当它被加热到很高的温度时，它才会熔化（NaCl的熔点是801摄氏度）。

天然 VS 合成

合成物质是通过化学反应由人工制造出来的。天然的物质是直接来源于大自然的，比如植物等。至于二者到底哪种更好，毫无疑问，我们是无法在这里解决这个纷争的。我们唯一可以说的就是：在分子层面上，它们是一模一样的。化学是一种精确的科学：每一个维生素C分子都是一模一样的。无论它是你从工厂里买来的还是从喷了农药的苹果上获得的，又或是从种植的、非转基因的余甘子里取得的，每个维生素C的分子结构都是一样的。

关于剂量的问题

通过本书，我们既想带给你欢乐，也想告知你一些事情。分子不仅具有有趣的属性，也具有不太招人喜欢的属性。你会不断读到某种分子是有毒的。或许，这种说法出现的频率比你原本以为的更高。我们希望你没有被这些信息吓到。毕竟，如果要做到100%的诚实，那么我们就不得不承认：在这个地球上，几乎所有物质都是有毒的。既然这样，为什么我们还能活到现在呢？这就要说到剂量的问题了。

无论是水还是氧气，都可以致命。据我们所知，至今还没有人死于维生素C中毒。但是，通过对老鼠的研究，我们认为，维生素C中毒也是完全有可能的。我们之所以很少听说有人死于水、氧气或者维生素C中毒，是因为它们能致死完全是体内摄入了非正常的剂量。在这类情况下，可能是一口气喝下了好几升水，也可能是在高压下吸入高浓度的氧气，又或者是吃下了100克维生素C（100片泡腾片或者是超过了日常剂量的1 000倍）。

因此，分子对你身体的影响与剂量息息相关。如果医生给你开了一种药，那么你必须按照规定的剂量吃，只有这样，身体才会好转。如果你只吃了要求剂量的一半，那么你身体好转的速度就很慢，甚至完全不会好起来。如果你一口气吃下所有的药，那么，你会立刻被送进医院也就没什么好奇怪的了。

日常分子

在本书里，我们向你讲述了一些关于日常分子的事情。有些分子是你每天都能见到的，例如水、葡萄糖和氮。有些分子不是每天都能见到，也幸好如此，我们甚至都很少在新闻里见到它们，例如沙林、苯达莫司汀和乌头碱。也许，你能理解为什么它在我们眼中如此美妙，也许，在读完这本书后，你再也不想见到这类分子了。可是，我们还是希望，通过这本书的阅读，你已经了解到日常分子是什么样的了。你用不着学习化学（这可真是一件好事！），就能明白，分子无处不在。你不需要通过昂贵的测量仪器去看见、感觉或者闻见它们。只要伸出手，你就已经碰到它们了。

致谢

撰写一本书的工作量终究还是超出了我们的预期。幸好，我们得到了一些帮助。衷心感谢立莫尔·达伦（Riemer Thalen）和阿利安·戴克斯特拉（Arjen Dijkstra）提供实用的写作建议，感谢玛特·瓦弗尔特（Marthe Walvoort）提供关于糖的有趣小贴士，感谢蒂尼科·卡尔特（Tineke Kalter）一如既往地在各个方面为我们提供帮助。

我们希望本书为你带去欢乐，也给你传递一些知识。对我们而言，全书的内容是否与最前沿的观点相一致是至关重要的。尽管我们没有在书中注明出处，但是，本书里的所有信息都源自（化学）专业文献。因此，我们也要感谢所有兢兢业业的研究学者，正是有了他们，我们才得以延展我们的知识并加以传播。如需文献出处，可联系我们索取。

如果你想进一步了解美妙的分子以及它们背后的故事，请参考组合化学（www.compoundchem.com）和布里斯托大学的"月度分子"（www.chm.bris.ac.uk/motm/motm.htm）这两个网站。

我们时不时会抽出一天时间，走访一所中小学。我们觉得鼓励学生、向他们展示化学的美好并激励他们成为更好的自己是一件极具意义的事情。我们也想借机感谢这些学生，在过去的几年里，我们听到了最富创造力的问题，这些问题引导了我们的思考，无疑也对本书的内容做出了贡献。

最后，我们想要向费林加团队和拥有积极进取的工作氛围的格罗宁根大学化学研究所（Stratingh Institute for Chemistry）表示诚挚的谢意。从在读本科生到教授，与你们一同工作是一件十分愉快的事情。